もくじ

東京書籍版
新編 あたらしい さんすう
1ねん 準拠

教科書の内容 | ページ

きょうかしょ ①3〜17ページ　月　日

1 なかまづくりと かず ①

／100てん

1 おなじ かずだけ ○を かきましょう。 1つ10〔40てん〕

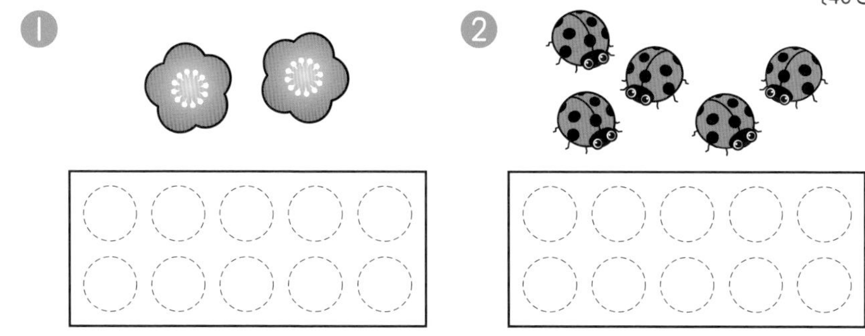

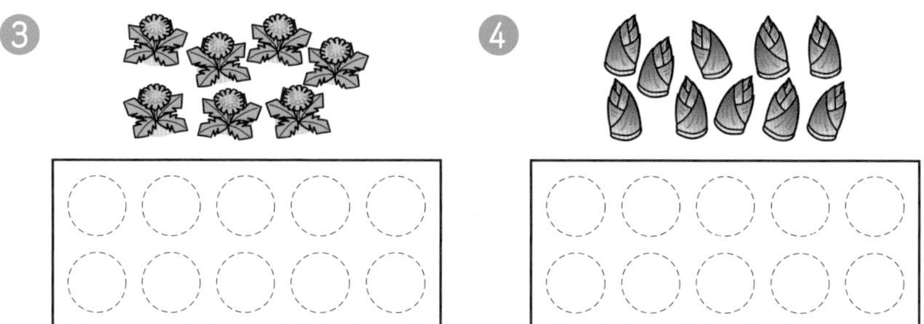

2 ●の かずを すうじで かきましょう。 1つ10〔60てん〕

こたえは
65ページ

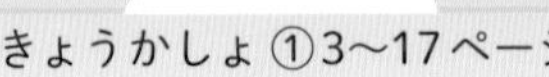

1　なかまづくりと　かず ①

／100てん

1 かずを　すうじで　かきましょう。　1つ10〔60てん〕

① 

② 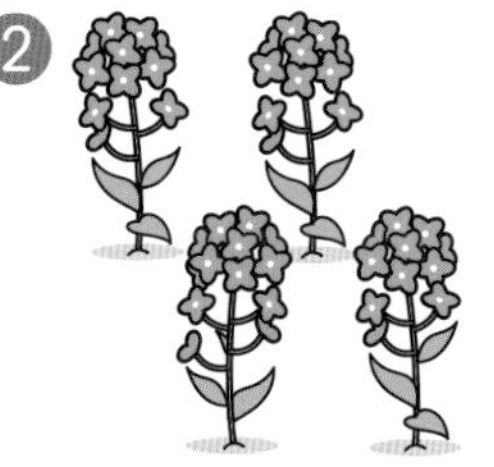

③ 

④ 

⑤ 

⑥ 

2 5は　いくつと　いくつですか。　1つ10〔40てん〕

 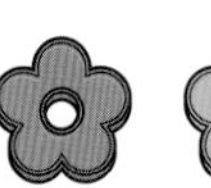  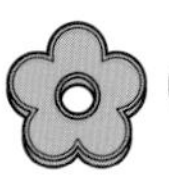 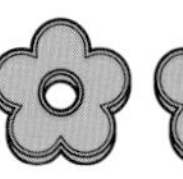 

 と 

② 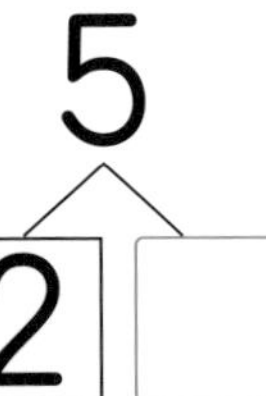

③ 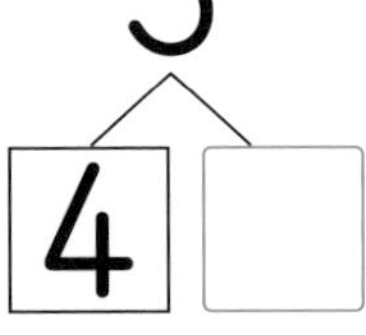

④ 5 ― 3 □

こたえは 65ページ

月　　日

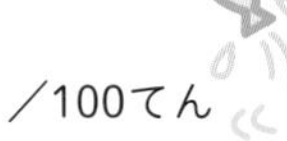

1　なかまづくりと　かず ②

／100てん

1 6は　いくつと　いくつですか。　1つ10〔20てん〕

① 

② 

2 □に　かずを　かきましょう。　1つ10〔60てん〕

① 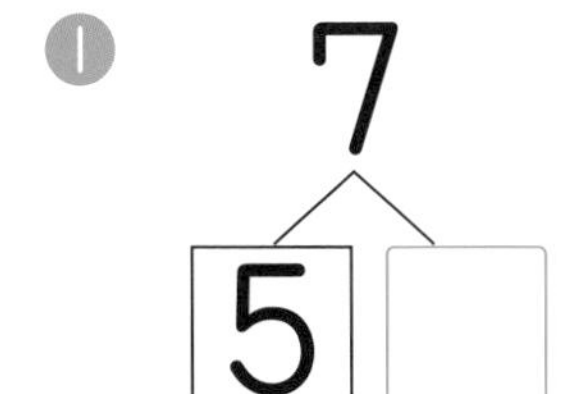

② 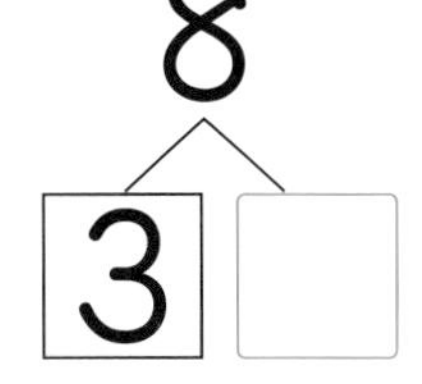

③ 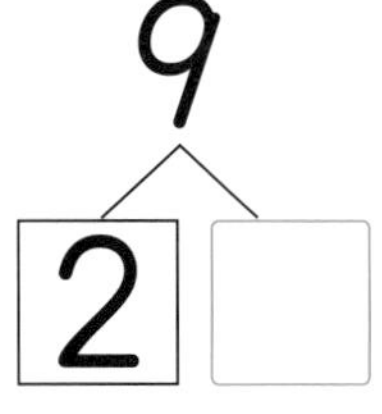

④ 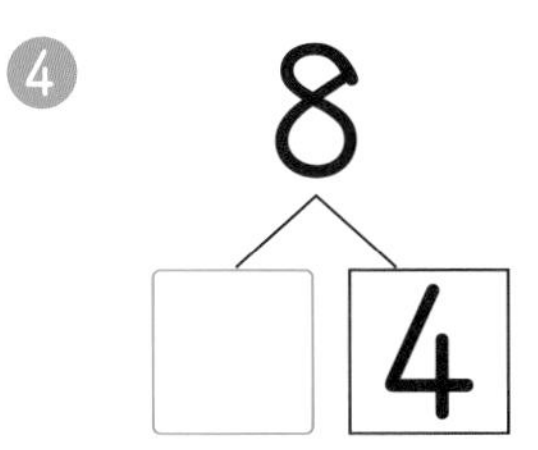

⑤ 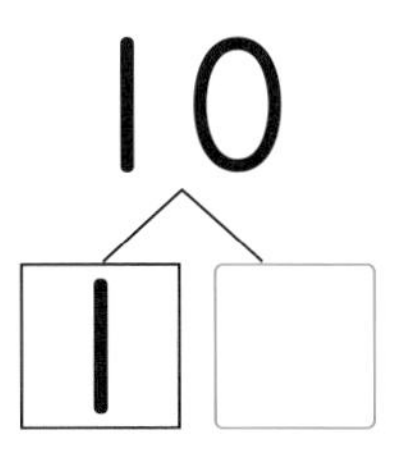

⑥ 

3 ちゅうりっぷの　かずを　かきましょう。

1つ10〔20てん〕

① 

② 

こたえは
65ページ

月　日

1 なかまづくりと かず ②

／100てん

1 □に かずを かきましょう。　1つ10〔50てん〕

❶ 6は 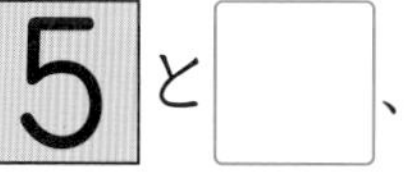 5と□、4と□、3と□ 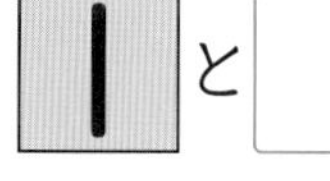 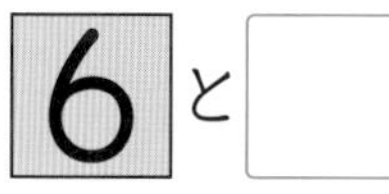

❷ 9は 5と□、1と□、6と□

❸ 7 → 3 と □ 

❹ 7 → 6 と □  

❺ 8 → 2 と □ 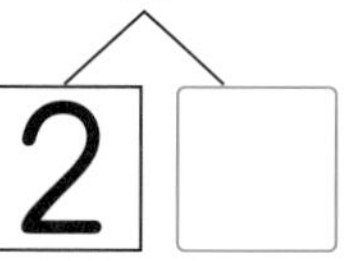

2 2つの かずで 10を つくります。たて、よこ、ななめで みつけて、せんで かこみましょう。　〔10てん〕

（れい）

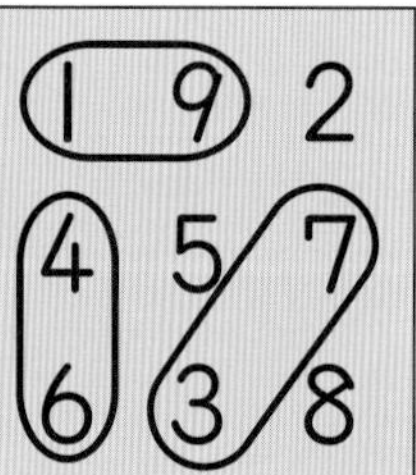

1	2	8	5
6	5	7	5
4	3	9	1

3 おおきい ほうに ○を つけましょう。　1つ20〔40てん〕

❶ ●●●●●●●●（　）　7（　）

❷ 9（　）　6（　）

こたえは 65ページ

2　なんばんめ

／100てん

1 もんだいに　あわせて、せんで　かこみましょう。

① まえから　5ひきめ　　1つ20〔40てん〕

（まえ）（うしろ）

② まえから　3びき

（まえ）（うしろ）

2 えを　みて　こたえましょう。　1つ20〔60てん〕

（うえ）

（した）

① うさぎは、うえから
なんばんめですか。

□ばんめ

② ねこは、したから
なんばんめですか。

□ばんめ

③ うえから　4ばんめの
どうぶつは、したから
なんばんめですか。

□ばんめ

こたえは
65ページ

月　　日

10ぷん

2　なんばんめ

／100てん

1 もんだいに　あわせて、せんで　かこみましょう。

❶　ひだりから　6ぴきめ　　1つ20〔40てん〕

(ひだり)

(みぎ)

❷　ひだりから　4ひき

(ひだり)

(みぎ)

2 えを　みて　こたえましょう。　□と(　)1つ20〔60てん〕

❶　ばすは　うしろから　□　ばんめです。

(まえ)

(うしろ)

❷　りんごが　5こ　はいった　かごは、みぎから

□　ばんめです。

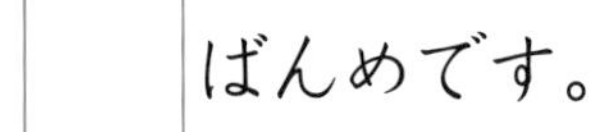

りんごが　3こ　はいった　かごは、

(　　　　)から　4ばんめです。

(ひだり)

(みぎ)

こたえは
65ページ

月　　日

3　あわせて　いくつ
ふえると　いくつ ①

／100てん

1 あわせて　いくつに　なりますか。　1つ20〔60てん〕

❶ 4ひき　　1ぴき

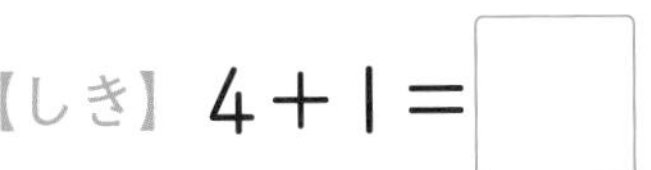

【しき】 4＋1＝□

こたえ □ ひき

❷ 2ひき　　2ひき

【しき】 2＋□＝□

こたえ □ ひき

❸ 1だい　　3だい

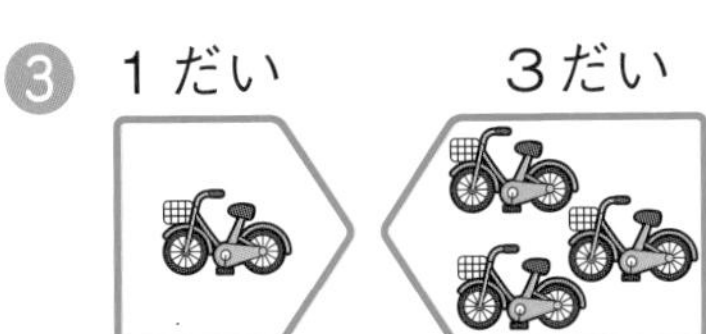

【しき】 □＋□＝□

こたえ □ だい

2 ふえると　いくつに　なりますか。　1つ20〔40てん〕

❶ 5わ　います。　　2わ　きます。

【しき】 5＋□＝□

こたえ □ わ

❷ 3こ　あります。　　3こ　ふえます。

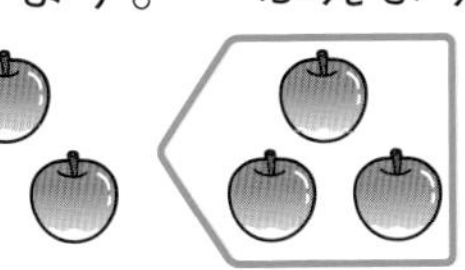

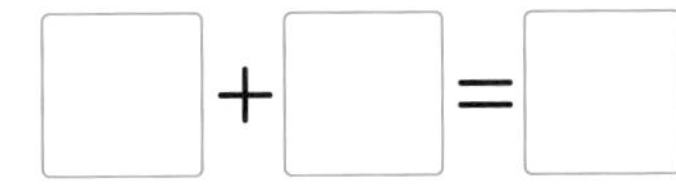

【しき】 □＋□＝□

こたえ □ こ

こたえは 65ページ

月　日

10ぷん

3　あわせて　いくつ　ふえると　いくつ ①

／100てん

1 みんなで　なんびきに　なりますか。〔10てん〕

３びき　４ひき

【しき】

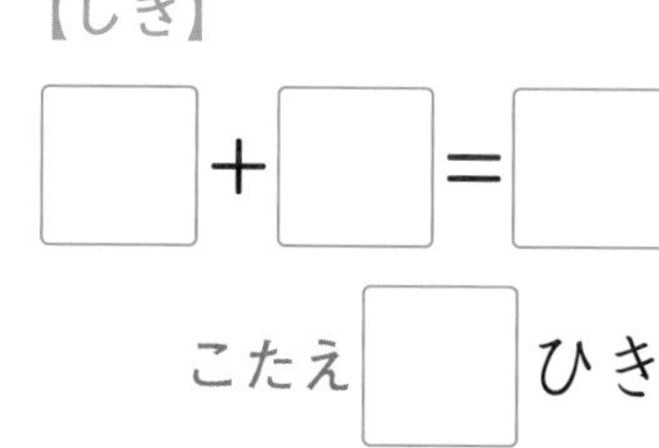

□＋□＝□

こたえ □ ひき

2 ぜんぶで　なんだいに　なりましたか。〔10てん〕

８だい
あります。

２だい
きました。

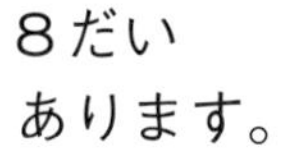

【しき】□＝□　こたえ □ だい

3 たしざんを　しましょう。1つ10〔80てん〕

❶ 1＋5　❷ 2＋7　❸ 4＋4

❹ 3＋1　❺ 1＋1　❻ 6＋3

❼ 4＋2　❽ 7＋3

こたえは 66ページ

3 あわせて いくつ ふえると いくつ ②

／100てん

1 あわせて いくつに なりますか。 1つ20〔60てん〕

① 5こ 2こ 【しき】 □＋□＝□ こたえ □こ

② 5こ 0こ 【しき】 □＋□＝□ こたえ □こ

③ 0こ 1こ 【しき】 □＋□＝□ こたえ □こ

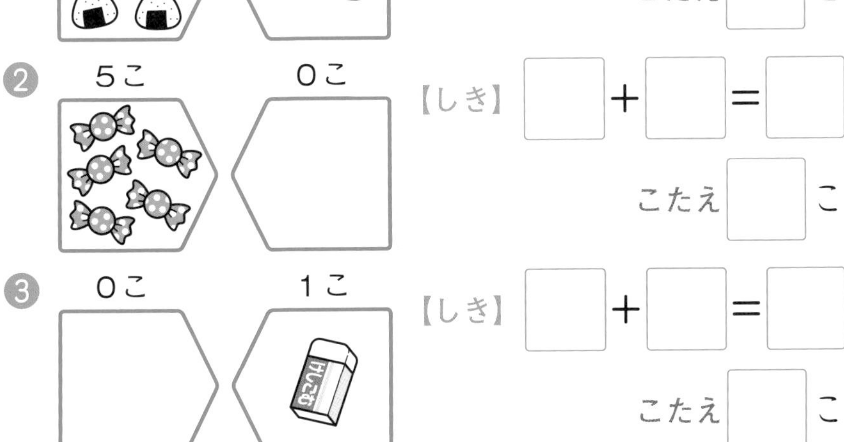

2 たしざんの しきと こたえの かあどを、せんで むすびましょう。 1つ10〔40てん〕

① 3＋3　② 3＋6　③ 2＋5　④ 8＋2

㋐ 7　㋑ 10　㋒ 6　㋓ 9

こたえは 66ページ

3 あわせて　いくつ　ふえると　いくつ ②

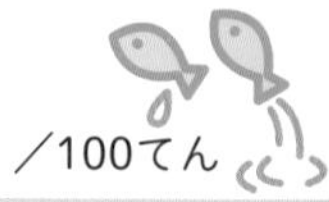

／100てん

1 あかい　はなが　4ほん　あります。しろい　はなが　4ほん　あります。はなは、ぜんぶで　なんぼん　ありますか。〔20てん〕

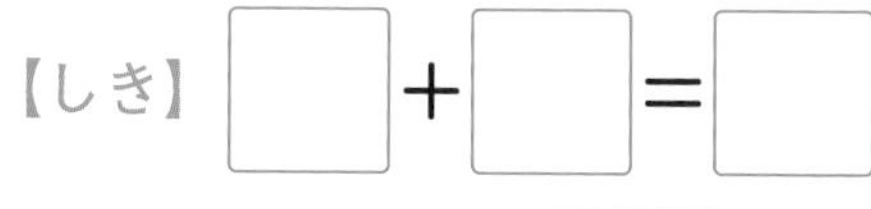

こたえ □ ほん

2 うえと　したで　こたえが　おなじに　なる　かあどを　せんで　むすびましょう。1つ5〔20てん〕

❶ 5＋2　❷ 1＋9　❸ 2＋6　❹ 4＋5

Ⓐ 6＋2　Ⓘ 3＋4　Ⓤ 0＋9　Ⓔ 3＋7

(あ 6＋2　い 3＋4　う 0＋9　え 3＋7)

3 たしざんを　しましょう。1つ10〔60てん〕

❶ 1＋6　❷ 3＋5　❸ 6＋0

❹ 8＋0　❺ 0＋9　❻ 0＋0

こたえは 66ページ

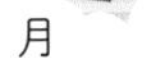

月　　日

4 のこりは　いくつ　ちがいは　いくつ ①

／100てん

1 のこりは　いくつに　なりましたか。　1つ20〔40てん〕

① 5こ　あります。──→ 1こ　とんで　しまいました。

のこりは □ こ

② 5こ　あります。──→ 3こ　たべました。

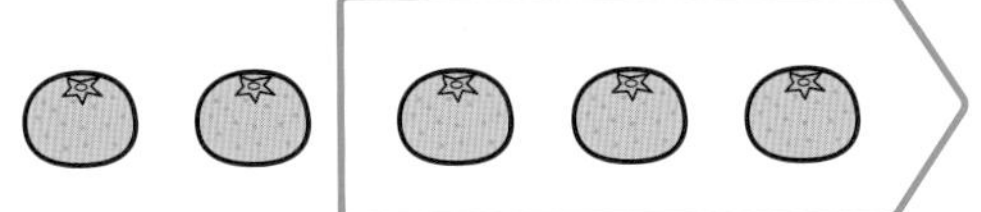

のこりは □ こ

2 のこりは　いくつに　なりますか。　1つ20〔60てん〕

① はじめに　3びき

【しき】 3－2＝□

こたえ □ ぴき

② はじめに　6だい

【しき】 6－□＝□

こたえ □ だい

③ はじめに　4ほん

【しき】 □－□＝□

こたえ □ ぼん

こたえは
66ページ

月　日

4 のこりは　いくつ　ちがいは　いくつ ①

／100てん

1 はとが　9わ　います。5わ　とんで　いくと、のこりは　なんわに　なりますか。〔10てん〕

【しき】 □ ＝ □　こたえ □ わ

2 はなが　10ぽん　あります。あかい　はなは　5ほんです。しろい　はなは　なんぼん　ありますか。〔10てん〕

【しき】 □ ＝ □　こたえ □ ほん

3 ひきざんを　しましょう。1つ10〔80てん〕

❶ 2−1　❷ 6−3　❸ 8−4

❹ 10−4　❺ 5−3　❻ 7−2

❼ 4−1　❽ 3−2

こたえは 66ページ

きほん 7

月　　日

4 のこりは　いくつ　ちがいは　いくつ ②

／100てん

1 のこりは　いくつに　なりましたか。　1つ20〔60てん〕

① 3こ　あります。→ 1こ　たべました。

【しき】□－□＝□

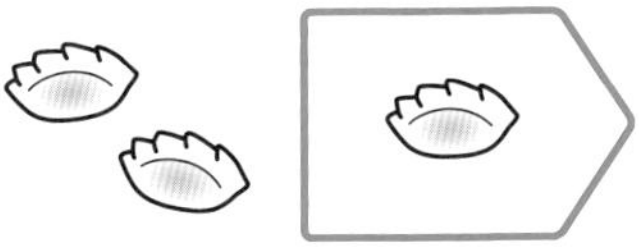

こたえ □ こ

② 3だい　あります。→ 3だい　でて　いきました。

【しき】□－□＝□

こたえ □ だい

③ 5ひき　います。→ 1ぴきも　すくえません。

【しき】□－□＝□

こたえ □ ひき

2 あめは、けえきより　なんこ　おおいでしょうか。

〔20てん〕

【しき】□－□＝□

こたえ □ こ

3 どうなつと　はんばあがあの　かずの　ちがいは　なんこですか。　〔20てん〕

【しき】□－□＝□

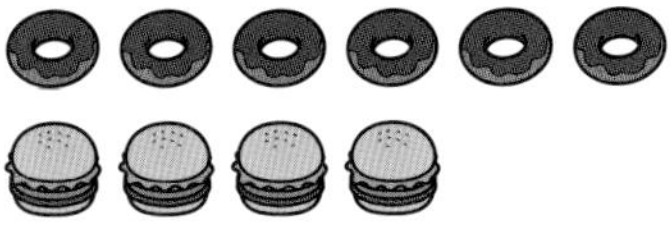

こたえ □ こ

こたえは　66ページ

きょうかしょ ②18～24ページ

月　日

4 のこりは　いくつ　ちがいは　いくつ ②

／100てん

1 すぷうんは　なんぼん　たりませんか。〔20てん〕

【しき】□＝□　こたえ□ほん

2 うさぎが　3びき、ひつじが　8ひき
います。ひつじは　うさぎより
なんびき　おおいですか。〔20てん〕

【しき】□＝□　こたえ□ひき

3 おとなが　6にん　います。こどもが　10にん
います。どちらが　なんにん　おおいですか。〔20てん〕

【しき】□＝□

こたえ（　　　）が□にん　おおい。

4 こたえが□の　かずに　なる　かあどを
㋐～㋓から　えらんで、ぜんぶ　かきましょう。

1つ20〔40てん〕

❶ 1（　　　）　❷ 0（　　　）

㋐ 1－0　㋑ 1－1　㋒ 0－0　㋓ 9－8

こたえは 66ページ

5　どちらが　ながい

／100てん

1 いちばん　ながい　ものは　どれですか。　1つ20〔40てん〕

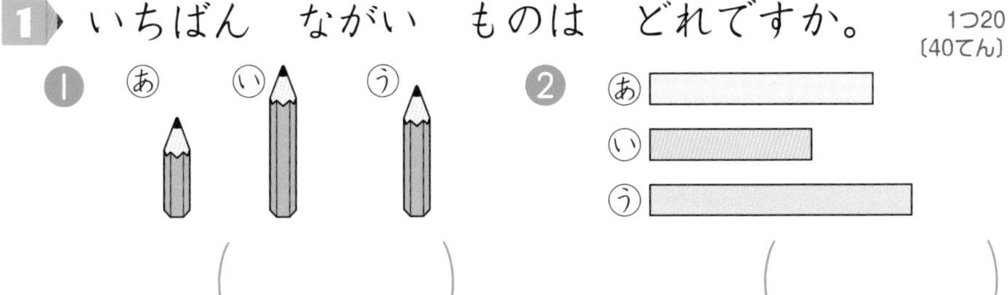

( ) ( )

2 ㋐と　㋑では、どちらが　ながいでしょうか。　1つ20〔40てん〕

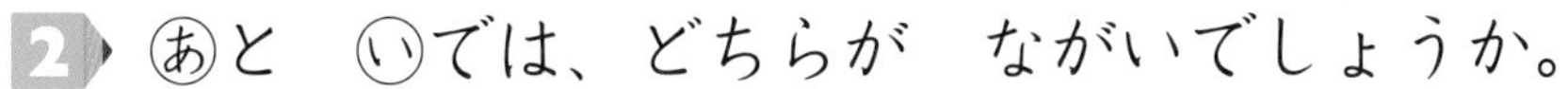
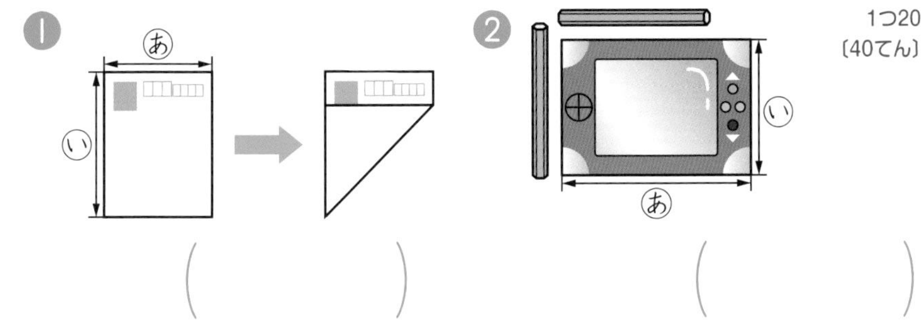

( ) ( )

3 いちばん　ながい　れっしゃは　どれですか。　〔20てん〕　( )

こたえは 66ページ

月

日

5　どちらが　ながい

／100てん

1　ながさを　しらべましょう。

❶□1つ10❷10〔40てん〕

❶　あ〜うは、それぞれ　ますの　いくつぶんの　ながさですか。

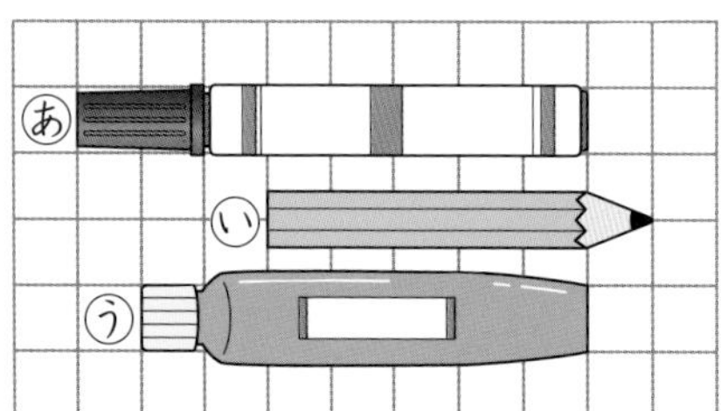

あ　□つぶん

い　□つぶん

う　□つぶん

❷　あと　いでは、どちらが　ますの　いくつぶん　ながいでしょうか。

（　　）の　ほうが　□つぶん　ながい。

2　たてと　よこでは、どちらが　ながいでしょうか。

1つ20〔40てん〕

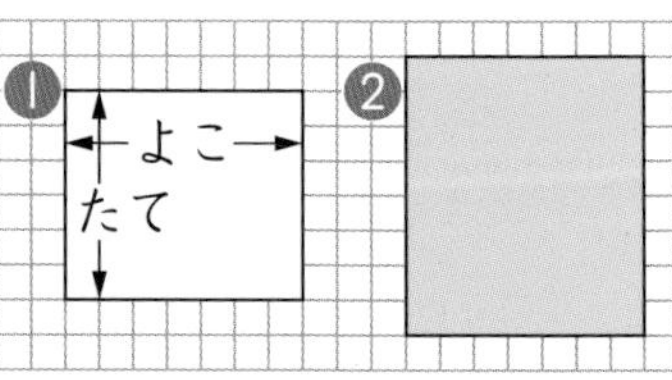

❶（　　　）　❷（　　　）

3　ながい　じゅんに、あ〜えの　きごうを　かきましょう。

〔20てん〕

あ　い　う　え

（　　、　　、　　、　　）

こたえは
66ページ

6　わかりやすく　せいりしよう

／100てん

1 くだものが　たくさん　あります。それぞれの　かずだけ　いろを　ぬりましょう。〔20てん〕

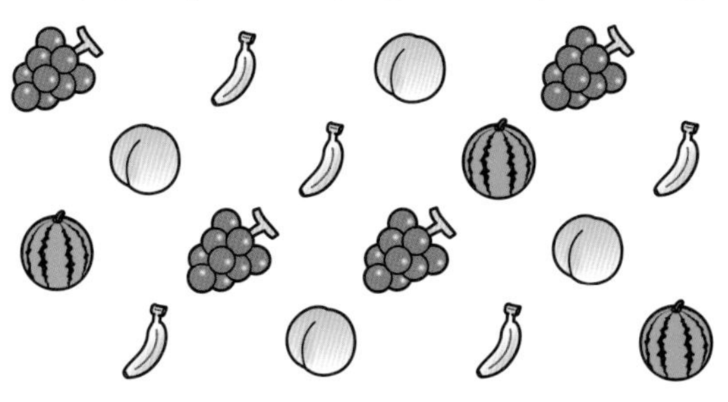

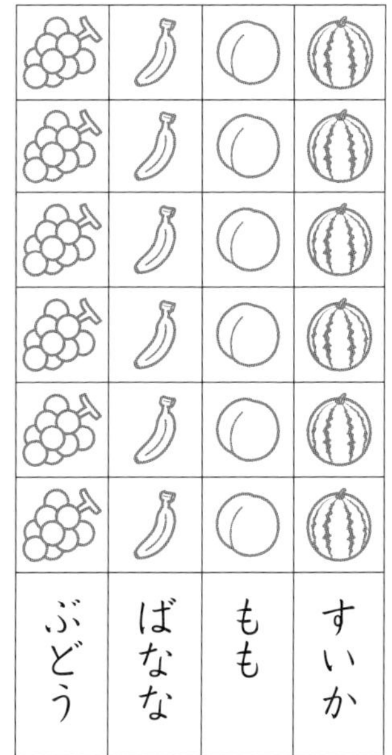

2 **1** で　いろを　ぬった　ものを　みて　こたえましょう。

1つ20〔80てん〕

1. いちばん　おおい　ものは　どれですか。

（　　　　　　　）

2. いちばん　すくない　ものは　どれですか。

（　　　　　　　）

3. おなじ　かずの　ものは、どれと　どれですか。

（　　　　　　　）と（　　　　　　　）

4. ももの　かずは　いくつですか。

□つ

こたえは
67ページ

月　　日

6　わかりやすく　せいりしよう

／100てん

1 たまいれを　しました。　1つ25〔100てん〕

❶ 1ぱんの　ひとが　いれた　いろの　かずだけ　○（たま）を　かきましょう。

1ぱんの　ひとが　いれた　たま

1ぱん

○	○	○
○	○	○
○	○	○
○	○	○
○	○	○
○	○	○
あか	あお	きいろ

2はん

		○
○		○
○	○	○
○	○	○
○	○	○
あか	あお	きいろ

❷ 1ぱんで　いちばん　おおい　いろは　どれですか。

（　　　　　）

❸ きいろが　おおいのは　どちらの　はんですか。

（　　　　　）

❹ 2つの　はんで、かずが　おなじ　いろは　どれですか。

（　　　　　）

こたえは
67ページ

きょうかしょ ②36〜41ページ　月　日

7　10より　おおきい　かず ①

／100てん

1 □に　かずを　かきましょう。　□1つ10〔30てん〕

① 10 と 2 で □

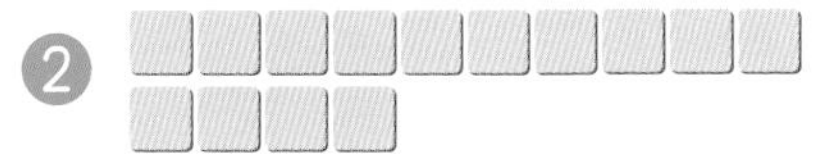

② 10 と □ で □

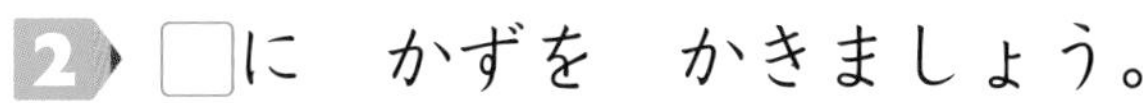

2 □に　かずを　かきましょう。　1つ20〔40てん〕

① 10 と □ で □

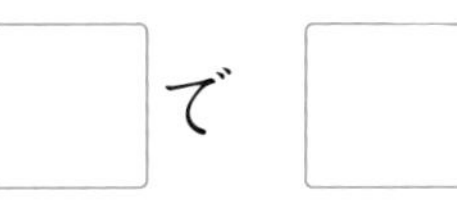

② 10 と □ で □

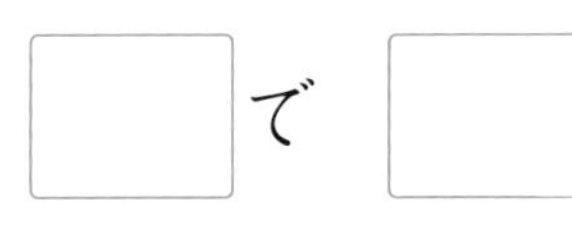

3 □に　かずを　かきましょう。　1つ10〔30てん〕

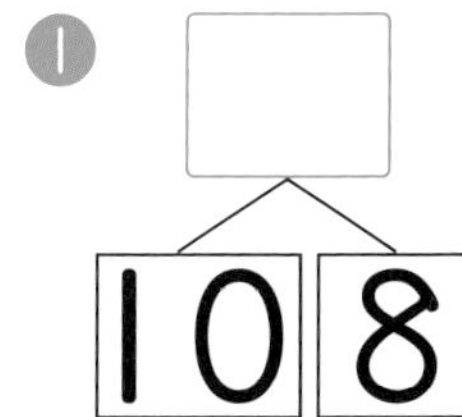

① □ → 10 と 8

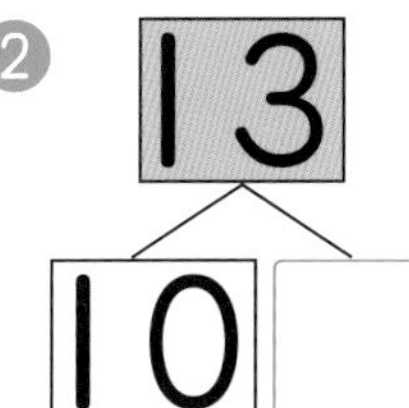

② 13 → 10 と □

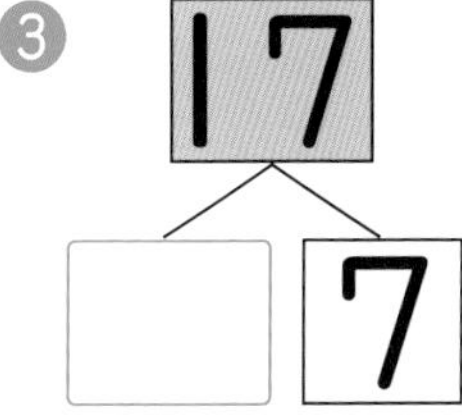

③ 17 → □ と 7

こたえは
67ページ

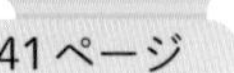

7　10より　おおきい　かず ①

／100てん

1 かずを　かきましょう。　1つ10〔20てん〕

① 

② 

□　□

2 えを　みて　こたえましょう。　1つ20〔40てん〕

① なんにんの　せんしゅが　はしって　いますか。

□にん

② ぼうしを　かぶった　せんしゅは、まえから なんにんめですか。

□にんめ

3 □に　かずを　かきましょう。　1つ10〔40てん〕

① 16は　10と　□　② 12は　□　と　2

③ 19は　10と　□　④ 15は　□　と　5

こたえは 67ページ

7　10より　おおきい　かず ②

／100てん

1 おおきい　ほうに　◯を　つけましょう。　1つ20〔40てん〕

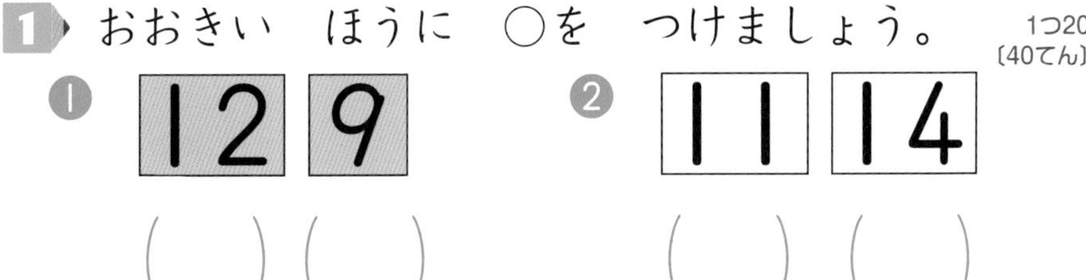

① 12　9
（　）（　）

② 11　14
（　）（　）

2 □に　かずを　かきましょう。　1つ10〔20てん〕

① 9 − 10 − □ − 12 − □ − 14

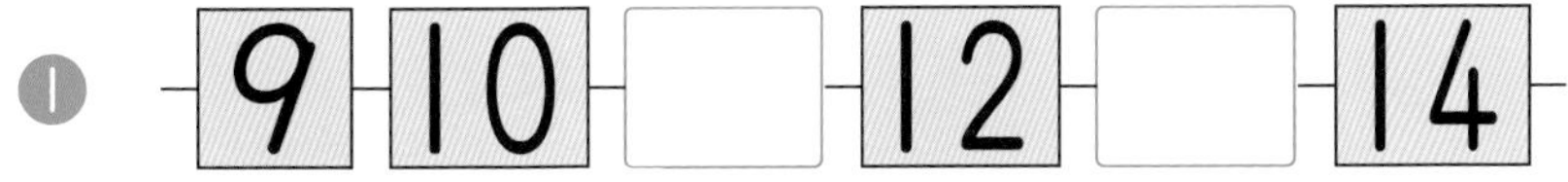

② 15 − □ − 17 − 18 − 19 − □

3 かずのせんを　みて、つぎの　かずを
かきましょう。　1つ20〔40てん〕

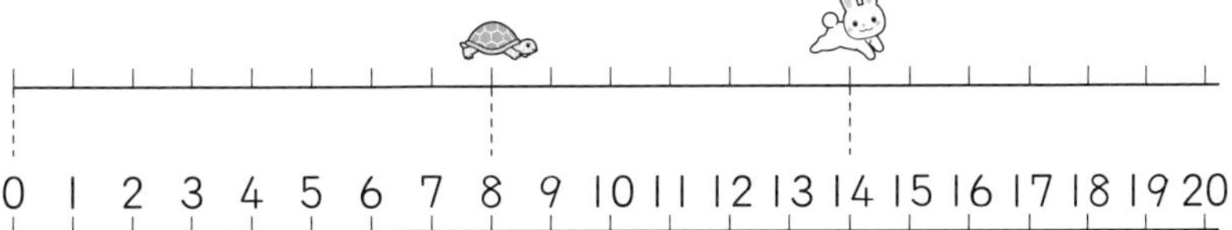

① かめが　みぎに　あと　3つ
すすんだ　かず

② うさぎが　みぎに　あと　5つ
すすんだ　かず

こたえは 67ページ

月　　日

7　10より　おおきい　かず ②

／100てん

1 おおきい　ほうに　○を　つけましょう。　1つ20〔40てん〕

❶ 13　15
(　　)(　　)

❷ 20　17
(　　)(　　)

2 □に　かずを　かきましょう。　1つ10〔30てん〕

❶ 10 − 12 − □ − 16 − 18 − □

❷ 20 − □ − 18 − □ − □ − 15

❸ 0 − 5 − □ − 15 − □

3 つぎの　かずを　かきましょう。　1つ10〔30てん〕

0　1　2　3　4　5　6　7　8　9　10　11　12　13　14　15　16　17　18　19　20

❶ 11より　2　おおきい　かず　□

❷ 13より　4　おおきい　かず　□

❸ 18より　3　ちいさい　かず　□

こたえは
67ページ

7 10より おおきい かず ③

／100てん

1 □に かずを かきましょう。 1つ10〔20てん〕

❶ 10と 7を あわせた かずは □ です。

【しき】 10＋□＝□

❷ 17から 7を とった かずは □ です。

【しき】 17－□＝□

2 けいさんを しましょう。 1つ10〔60てん〕

❶ 10＋5　　❷ 10＋3

❸ 12＋5　　❹ 14－4

❺ 16－6　　❻ 14－2

3 □に かずを かきましょう。 1つ10〔20てん〕

❶ 10が □ こで □。

❷ 10が □ こと

1が □ こで □。

こたえは 67ページ

きょうかしょ ②44〜47ページ　　月　　日　　10ぷん

7 10より おおきい かず ③

／100てん

1 □に かずを かきましょう。　　1つ5〔10てん〕

❶ 17に 2を たした かず

【しき】 17＋2＝□

❷ 19から 5を ひいた かず

【しき】 19−5＝□

2 けいさんを しましょう。　　1つ10〔80てん〕

❶ 10＋6　　❷ 16＋3

❸ 11＋4　　❹ 18＋1

❺ 12−2　　❻ 18−5

❼ 19−4　　❽ 15−1

3 いくつ ありますか。

□に かずを かきましょう。　　1つ5〔10てん〕

❶

❷

こたえは 68ページ

8 なんじ なんじはん

／100てん

1 とけいを よみましょう。

❶20❷❸1つ10〔40てん〕

❶ (　　　　)

❷ (　　　　)

❸ (　　　　)

2 (　)に ㋐か ㋑を かきましょう。

1つ20〔60てん〕

❶ 10じはんの

とけいは (　　)です。

❷ 5じはんの

とけいは (　　)です。

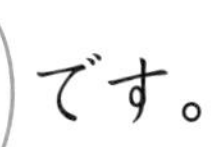

❸ 2じはんの

とけいは (　　)です。

こたえは 68ページ

月　　日

8 なんじ なんじはん

／100てん

1 とけいを よみましょう。

1つ10〔40てん〕

（　　　）　（　　　）

③

④

（　　　）　（　　　）

2 ながい はりを かきましょう。

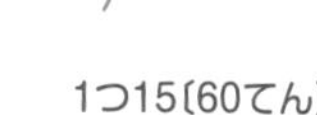

1つ15〔60てん〕

① 6じ

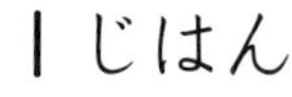

② 1じはん

③ 3じ

④ 12じはん

こたえは
68ページ

9　3つの　かずの　けいさん

／100てん

1 ねこが　2ひき　あそんで　いました。〔10てん〕

4ひき きました。　また　2ひき きました。　みんなで なんびきに なりますか。

【しき】　2＋4＋□＝□　　こたえ□ひき

2 くっきいが　10こ　あります。りんさんは　5こ、いもうとは　3こ　たべました。くっきいは　なんこ　のこって　いますか。〔10てん〕

【しき】　10－□－□＝□　　こたえ□こ

3 けいさんを　しましょう。1つ10〔80てん〕

① 2＋3＋4　　② 3＋7＋5

③ 9－2－5　　④ 8－3－4

⑤ 4＋1－3　　⑥ 7＋1－2

⑦ 6－5＋2　　⑧ 1＋1＋1＋1

こたえは 68ページ

月　日

9　3つの　かずの　けいさん

／100てん

1 けいさんを　しましょう。　1つ10〔80てん〕

❶ 3＋1＋4　　❷ 5＋5＋2

❸ 10−2−4　　❹ 12−2−6

❺ 7＋2−6　　❻ 9−7＋6

❼ 10−8＋5　　❽ 9−2−2−2

2 こいんを　6まい　もって　います。おにいさんに　4まい、ともだちに　3まい　もらいました。なんまいに　なりましたか。〔10てん〕

【しき】＿＿＿＿＿＝＿＿　こたえ＿＿まい

3 じゅうすが　8ほん　あります。5ほん　のんだので、3ぼん　かって　きました。なんぼんに　なりましたか。〔10てん〕

【しき】＿＿＿＿＿＝＿＿　こたえ＿＿ぽん

こたえは　68ページ

10　どちらが　おおい

／100てん

1 ㋐と　㋑に　はいる　みずは、どちらが　おおいでしょうか。　1つ20〔60てん〕

❶ 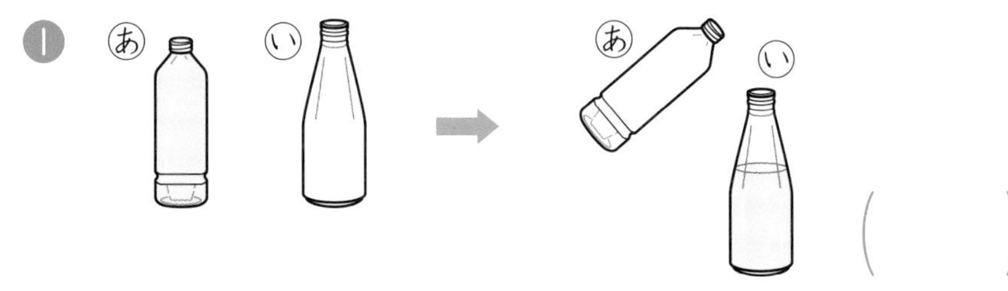

（　　　）

❷ 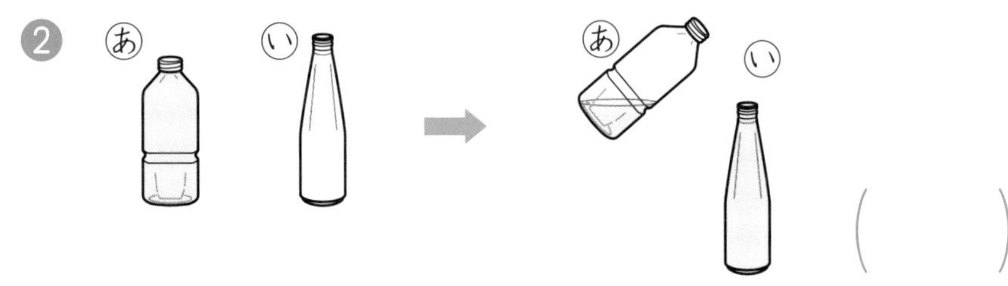

（　　　）

❸ 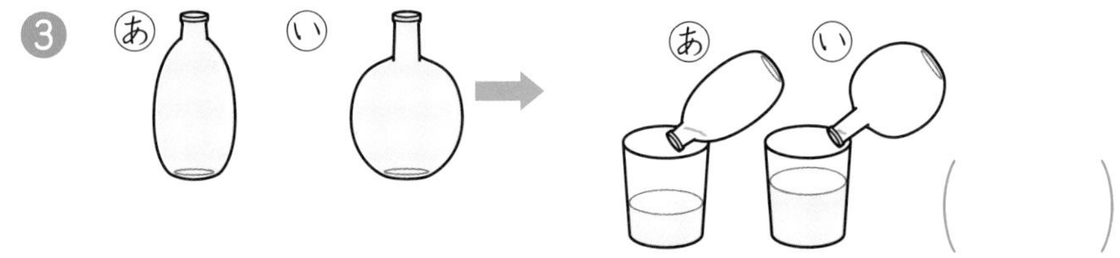

（　　　）

2 はいって　いる　みずが　おおい　じゅんに、㋐～㋒の　きごうを　ならべましょう。　1つ20〔40てん〕

❶ 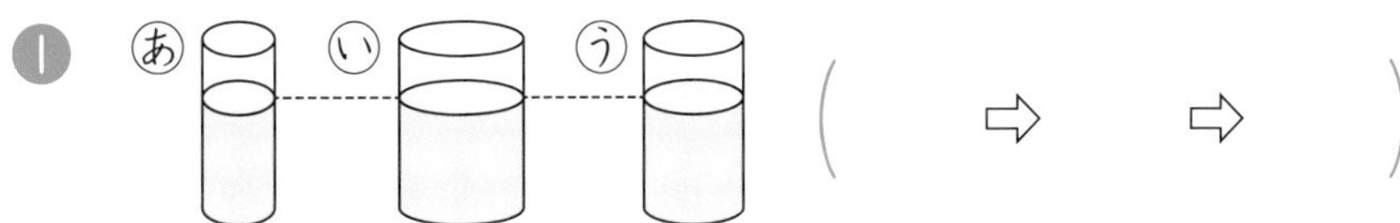

（　　⇨　　⇨　　）

❷ 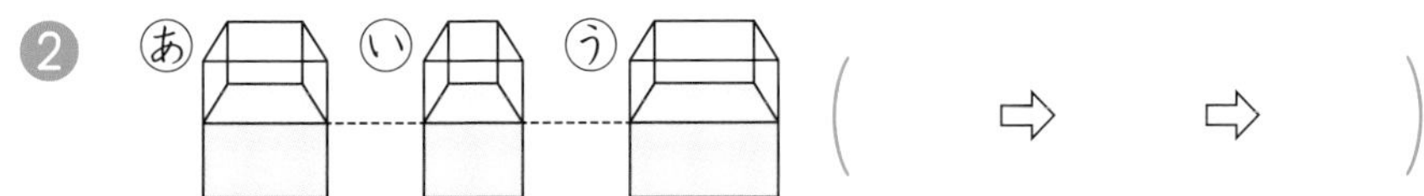

（　　⇨　　⇨　　）

こたえは 68ページ

10 どちらが おおい

／100てん

1 
（　　）には ㋐か ㋑の どちらかを、□には
かずを かきましょう。
（　）と□1つ25〔50てん〕

こっぷ 7はいぶん

こっぷ 8はいぶん

（　　　）の ほうが、こっぷ  ぱいぶん
みずが おおく はいります。

2 はいる みずが おおい じゅんに、㋐～㋒の
きごうを ならべましょう。
1つ25〔50てん〕

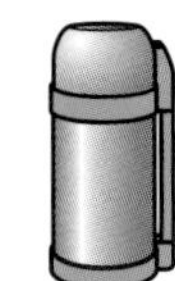

（　　　　　　）

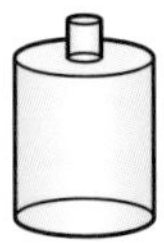

（　　　　　　）

こたえは
68ページ

11　たしざん ①

／100てん

1 ずを　みて、9＋5の　けいさんの　しかたを　かんがえましょう。　1つ5〔20てん〕

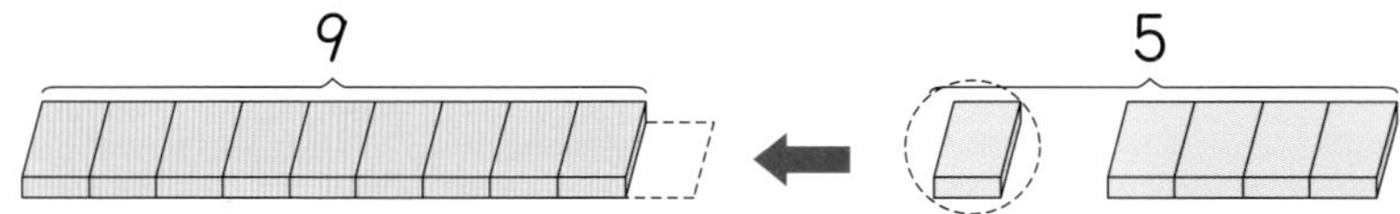

9＋5＝□
□　4

❶ 9は　あと　□　で　10。

❷ 5を　□　と　4に　わける。

❸ 9と　1で　□　。　❹ 10と　4で　□　。

2 おやの　ひつじが　9とう、こどもの　ひつじが　4とう　います。ぜんぶで　なんとう　いますか。　〔20てん〕

【しき】□＝□　こたえ□とう

3 けいさんを　しましょう。　1つ10〔60てん〕

❶ 9＋2　　❷ 8＋6

❸ 7＋4　　❹ 8＋5

❺ 9＋3　　❻ 8＋7

こたえは 68ページ

11　たしざん①

／100てん

1 けいさんを　しましょう。　1つ5〔30てん〕

❶ 7＋5　　❷ 9＋8

❸ 9＋7　　❹ 7＋7

❺ 9＋9　　❻ 7＋6

2 まんなかの　かずに　まわりの　かずを　たしましょう。　□1つ5〔50てん〕

❶

11
2
5　4
9
6　8
3

❷

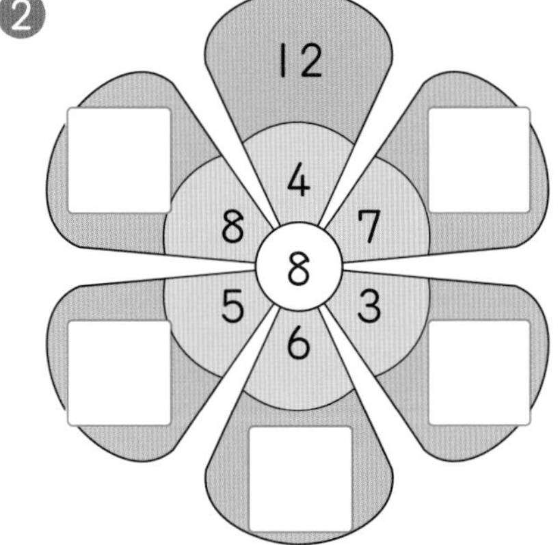

3 しろい　うさぎが　6ぴき、ぴんくいろの　うさぎが　5ひき　います。ぜんぶで　なんびき　いますか。　〔20てん〕

【しき】□＝□　こたえ□ぴき

こたえは 68ページ

11　たしざん ②

／100てん

1 ずを　みて、けいさんを　しましょう。　1つ5〔10てん〕

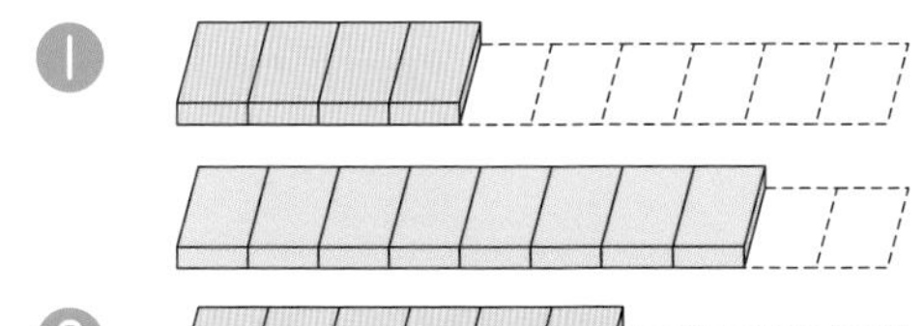

① 4＋8＝□

② 6＋7＝□

2 さっかあの　せんしゅが　5にん　います。
やきゅうの　せんしゅが　7にん　います。
ぜんぶで　なんにん　いますか。　〔10てん〕

【しき】□＝□　こたえ□にん

3 けいさんを　しましょう。　1つ10〔80てん〕

① 5＋6　② 5＋8

③ 6＋8　④ 4＋9

⑤ 3＋8　⑥ 5＋9

⑦ 4＋7　⑧ 7＋9

こたえは
69ページ

11　たしざん ②

／100てん

1 けいさんを　しましょう。　1つ5〔40てん〕

❶ 5＋7　❷ 3＋9

❸ 4＋9　❹ 2＋9

❺ 6＋7　❻ 6＋9

❼ 7＋8　❽ 8＋9

2 こたえが　12に　なるように　□に　かずを　かきましょう。　1つ10〔20てん〕

❶ 4＋□　❷ 6＋□

3 □に　はいる　かずは　3、4、6、8の　どれですか。　〔20てん〕

3＋□＝1（けしごむ）　（すうじが　けしごむで　かくれて　います。）

4 あかい　おりがみが　4まい、しろい　おりがみが　7まい　あります。おりがみは　ぜんぶで　なんまい　ありますか。　〔20てん〕

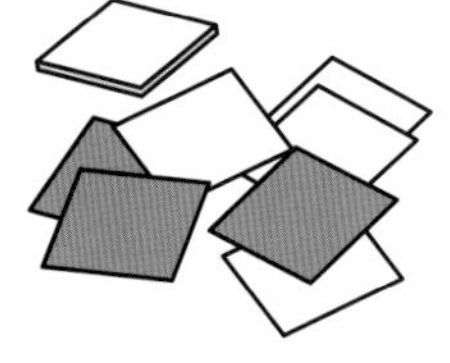

【しき】□＝□　こたえ□まい

こたえは
69ページ

11　たしざん ③

／100てん

1 かあどの　おもてと　うらを　せんで　むすびましょう。　1つ10〔40てん〕

❶ 3＋9　❷ 4＋7　❸ 9＋8　❹ 6＋8

Ⓐ 17　Ⓘ 14　Ⓤ 12　Ⓔ 11

2 こたえが　15に　なる　かあどに　ぜんぶ　◯を　つけましょう。　〔20てん〕

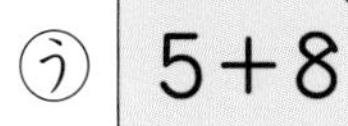
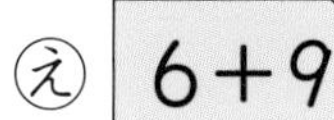

Ⓐ 9＋5　Ⓘ 8＋7　Ⓤ 5＋8　Ⓔ 6＋9

(　　)　(　　)　(　　)　(　　)

3 こたえが　おおきい　ほうの　かあどに　◯を　つけましょう。　1つ20〔40てん〕

❶ 8＋6　7＋8　❷ 5＋7　8＋3

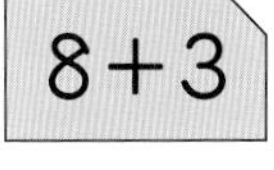

(　　)　(　　)　(　　)　(　　)

こたえは
69ページ

きょうかしょ ②68〜69ページ　月　日

11　たしざん ③

／100てん

1 うえと　したで、こたえが　おなじに　なる かあどを　せんで　むすびましょう。 1つ10〔40てん〕

❶ 7+7　❷ 9+3　❸ 6+9　❹ 4+9

Ⓐあ 7+8　ⓘい 8+5　ⓤう 5+9　ⓔえ 6+6

2 こたえが　つぎの　かずに　なる　かあどを ぜんぶ　みつけて、あ〜かの　きごうで こたえましょう。 1つ20〔40てん〕

❶ 11（　　　）　❷ 16（　　　）

あ 4+8　い 9+2　う 7+9

え 7+4　お 8+9　か 8+8

3 きんぎょを　5ひき　かって　います。8ひき もらいました。ぜんぶで なんびき　いますか。〔20てん〕

【しき】　　　　＝　　　　こたえ　　　びき

こたえは 69ページ

12　かたちあそび

／100てん

1 ❶～❻は、したの　Ⓐ～Ⓔの　どの　かたちの　なかまですか。きごうを　かきましょう。1つ15〔90てん〕

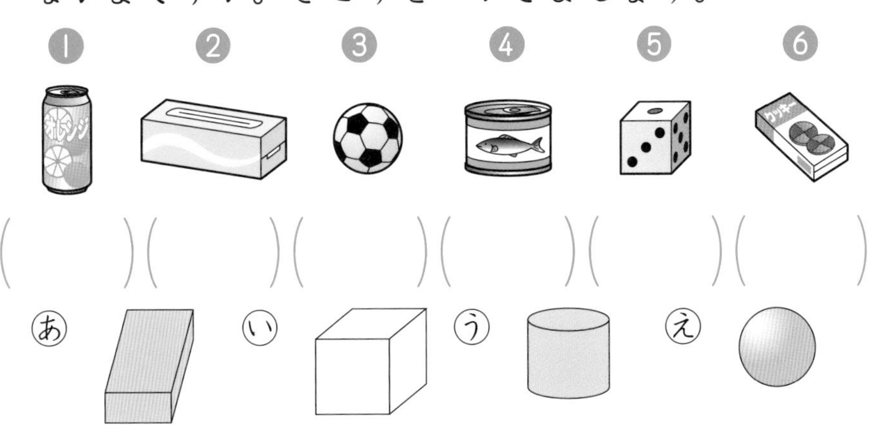

2 つみきで　みぎのような　たわあを　つくります。たわあの　つみきと　おなじ　かたちの　つみきは　どれですか。〔10てん〕

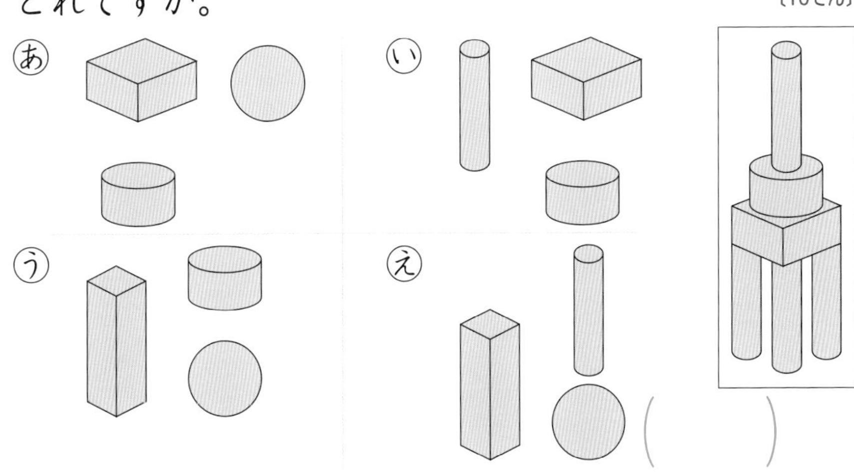

こたえは
69ページ

12 かたちあそび

／100てん

1 みぎの　じゅうすの　かんは、ころがります。①〜④から　ころがる　かたちを　ぜんぶ　えらんで、（　）に　○を　つけましょう。〔20てん〕

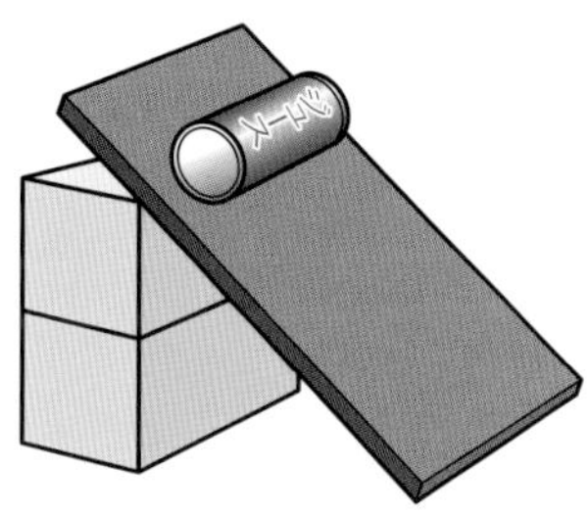

① 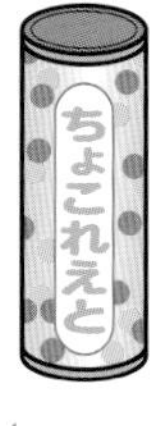

② 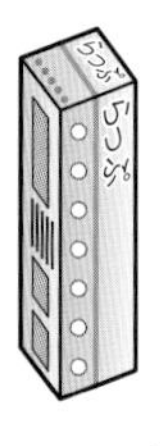

③ 

④ 

（　）　（　）　（　）　（　）

2 みぎの　えの　①〜④は、どの　つみきを　つかって　かきましたか。つかった　つみきの　きごうを　かきましょう。1つ20〔80てん〕

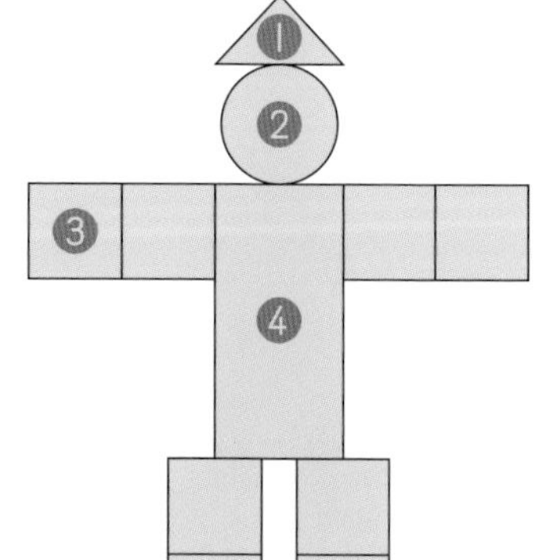

①  ②  ③  ④

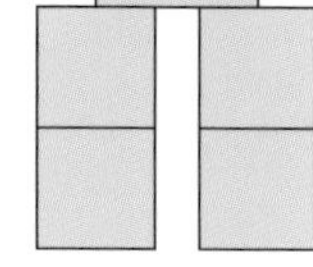

（　）（　）（　）（　）

あ 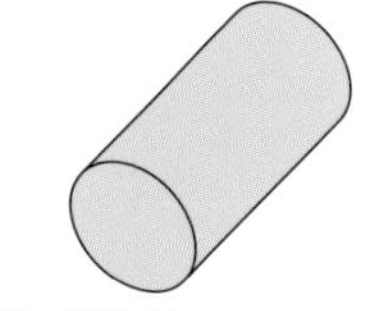　い 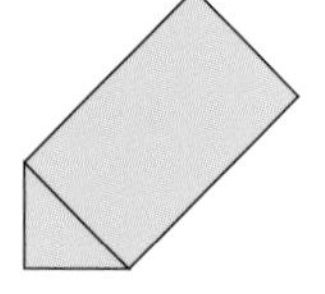　う 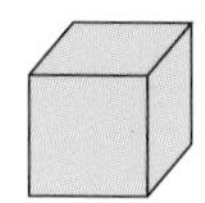

こたえは 69ページ

13 ひきざん ①

／100てん

1 ずを　みて、12－9の　けいさんの　しかたを　かんがえましょう。　1つ10〔30てん〕

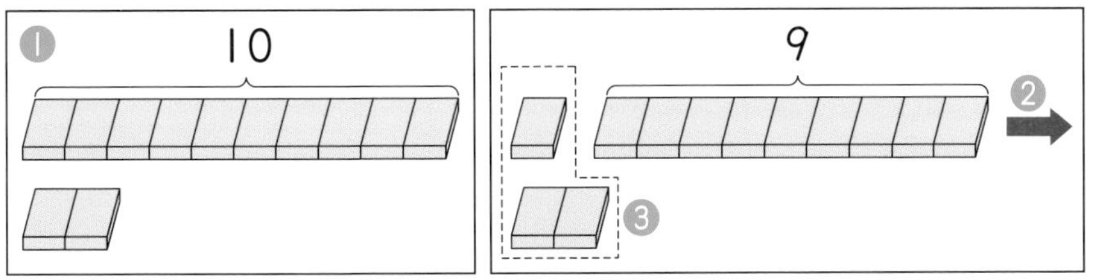

❶ 2から　9は　ひけないから、

12を □ と □ に　わける。

❷ □ から　9を　ひくと　1。

❸ □ と　2で　□。

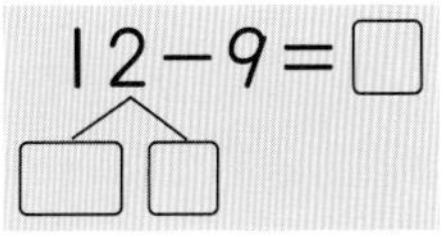

2 かいがらを　13こ　もって　います。いもうとに　7こ　あげると、のこりは　なんこですか。　〔10てん〕

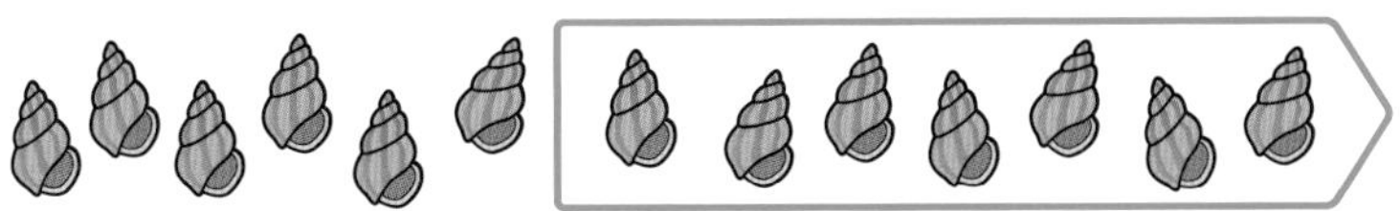

【しき】 □＝□　こたえ □こ

3 けいさんを　しましょう。　1つ10〔60てん〕

❶ 11－9	❷ 14－8	❸ 11－7
❹ 12－7	❺ 16－8	❻ 18－9

こたえは 69ページ

13　ひきざん ①

／100てん

1 けいさんを　しましょう。　1つ10〔80てん〕

❶ 11−8　❷ 17−9

❸ 13−7　❹ 16−7

❺ 12−8　❻ 15−9

❼ 13−9　❽ 17−8

2 けえきが　15こ　あります。
8こ　たべると、のこりは
なんこに　なりますか。　〔10てん〕

【しき】

こたえ □ こ

3 たこが　7ひき、いかが
14ひき　います。どちらが
なんびき　おおいですか。　〔10てん〕

【しき】

こたえ（　　　　）が  ひき　おおい。

こたえは
69ページ

13　ひきざん ②

／100てん

1 ずを　みて、13－5の　けいさんの　しかたを かんがえましょう。　1つ20〔40てん〕

❶

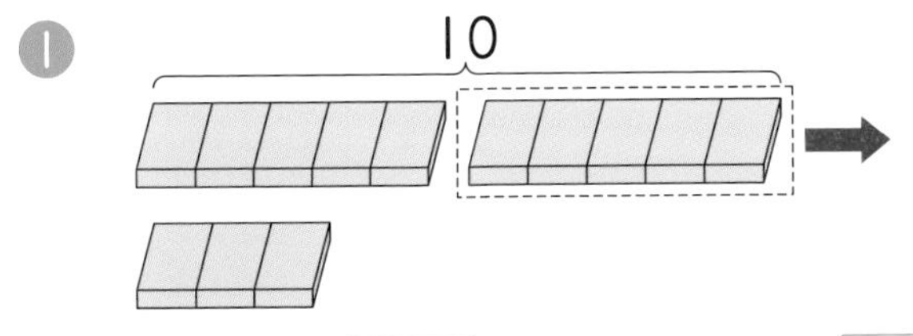

10から □ を　ひくと □。

5と □ で □。

❷

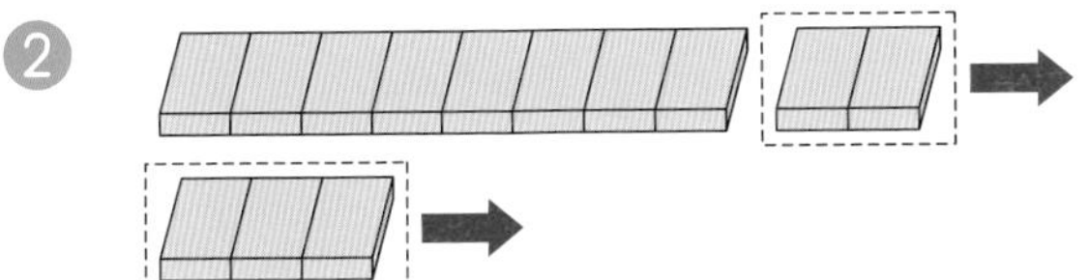

はじめに、ばらの □ を　ひくと □。

10から　のこりの □ を　ひいて □。

2 けいさんを　しましょう。　1つ10〔60てん〕

❶ 11－4　❷ 13－4　❸ 12－5

❹ 14－6　❺ 13－6　❻ 11－5

こたえは 69ページ

13 ひきざん ②

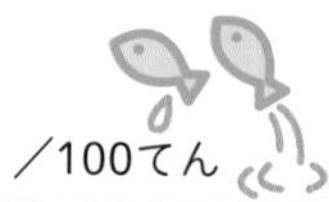

／100てん

1 まんなかの　かずから　まわりの　かずを
ひきましょう。　□1つ10〔60てん〕

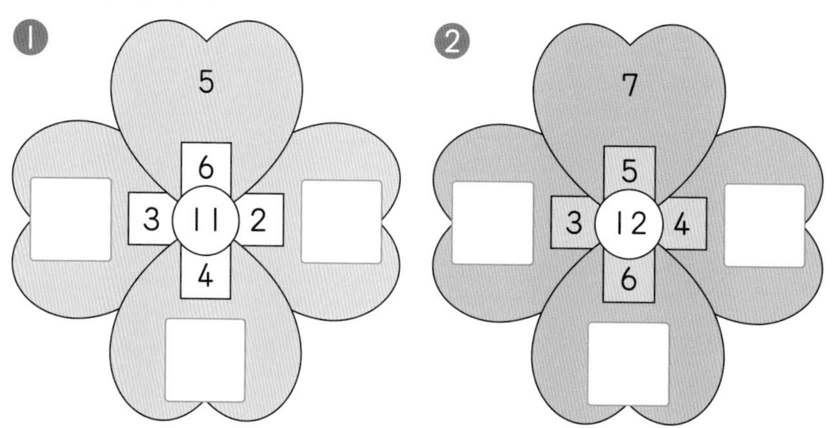

2 くりが　12こ　あります。4こ　たべると、
のこりは　なんこに　なりますか。　〔20てん〕

【しき】

こたえ □ こ

3 ぺんが　6ぽん、えんぴつが　13ぼん　あります。
どちらが　なんぼん　おおいですか。　〔20てん〕

【しき】

こたえ（　　　）が □ ほん　おおい。

こたえは
70ページ

月

日

13 ひきざん ③

／100てん

1 かあどの　おもてと　うらを　せんで
むすびましょう。　1つ10〔40てん〕

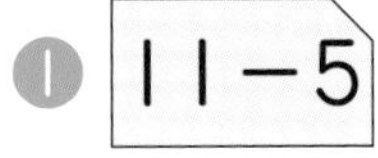
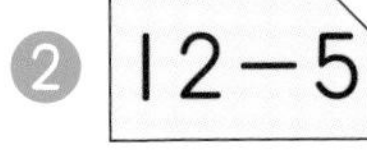

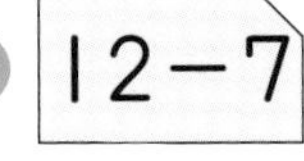

❶ 11－5　❷ 12－5　❸ 12－7　❹ 17－8

㋐ 7　㋑ 9　㋒ 6　㋓ 5

2 こたえが　7に　なる　かあどに　ぜんぶ　○を
つけましょう。　〔20てん〕

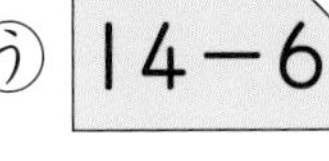

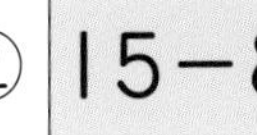

㋐ 11－3　㋑ 16－9　㋒ 14－6　㋓ 15－8

(　)　(　)　(　)　(　)

3 こたえが　おおきい　ほうの　かあどに　○を
つけましょう。　1つ20〔40てん〕

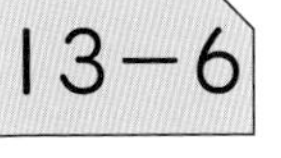

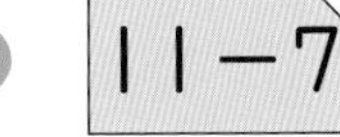
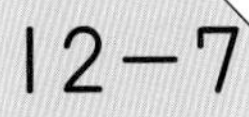

❶ 13－4　13－6　❷ 11－7　12－7

(　)　(　)　(　)　(　)

こたえは
70ページ

13 ひきざん ③

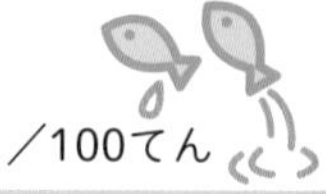

／100てん

1 うえと　したで、こたえが　おなじに　なる　かあどを　せんで　むすびましょう。 1つ10〔40てん〕

❶ 14－8　❷ 16－8　❸ 11－4　❹ 18－9

Ⓐ 15－7　Ⓘ 12－3　Ⓤ 12－6　Ⓔ 14－7

（あ 15－7　い 12－3　う 12－6　え 14－7）

2 こたえが　つぎの　かずに　なる　かあどを　ぜんぶ　みつけて、あ～かの　きごうで　こたえましょう。 1つ20〔40てん〕

❶ 9 （　　　）　❷ 6 （　　　）

あ 13－7　い 17－9　う 14－5

え 12－4　お 16－7　か 15－9

3 はとと　すずめが　ぜんぶで　13わ　います。そのうち、はとは　4わです。すずめは　なんわ　いますか。 〔20てん〕

【しき】

こたえ □ わ

こたえは 70ページ

月　日

14 おおきい かず ①

／100てん

1 □に かずを かきましょう。 1つ10〔20てん〕

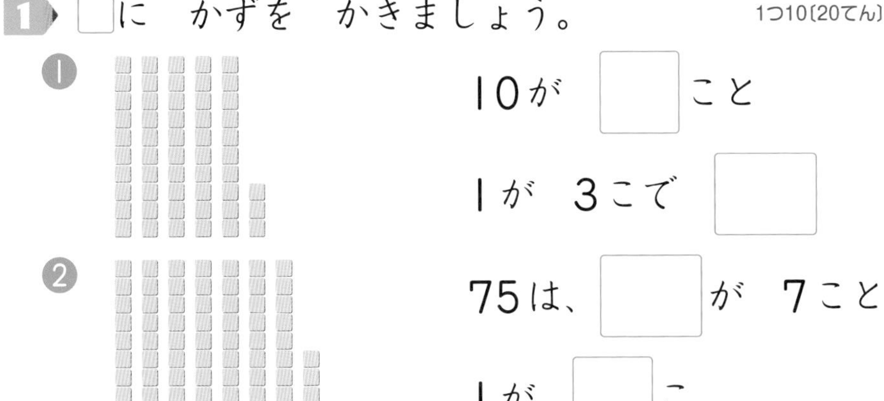

① 10が □ こと

1が 3こで □

② 75は、□ が 7こと

1が □ こ

2 いくつ ありますか。□に かずを かきましょう。 1つ10〔20てん〕

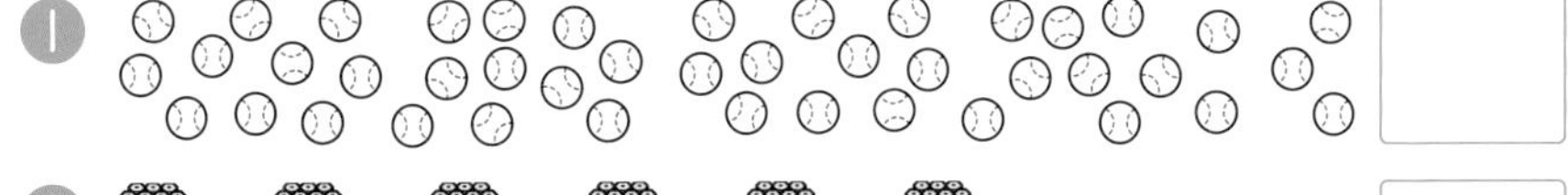

① □

② □

3 □に かずを かきましょう。 1つ20〔60てん〕

① 10が 5こと 1が 8こで □

② 84は、10が □ こと 1が □ こ

③ 70は、□ が 7こ

こたえは 70ページ

月　日

14 おおきい かず ①

／100てん

1 いくつ ありますか。□に かずを かきましょう。　1つ10〔20てん〕

① 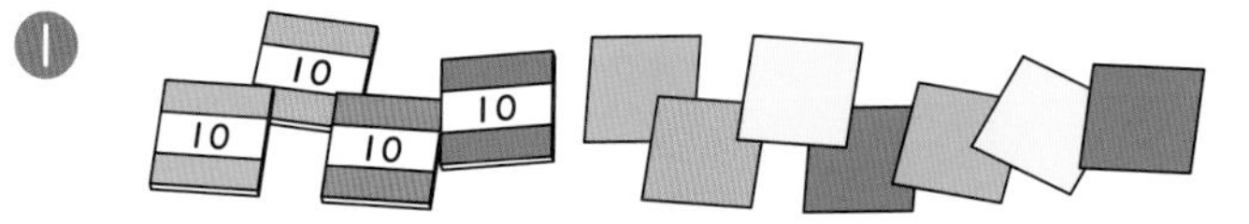

② 

2 □に かずを かきましょう。　1つ20〔60てん〕

① 十（じゅう）のくらいが 6、一（いち）のくらいが 9の かずは □

② 90の 十のくらいの すうじは □、一のくらいの すうじは □

③ 73は、□と 3を あわせた かず

3 86に ついて こたえましょう。　1つ10〔20てん〕

① 8は なんの くらいの すうじですか。　□のくらい

② 6は なんの くらいの すうじですか。　□のくらい

こたえは 70ページ

14　おおきい　かず ②

／100てん

1 いくつ　ありますか。□に　かずを　かきましょう。　1つ20〔60てん〕

❶

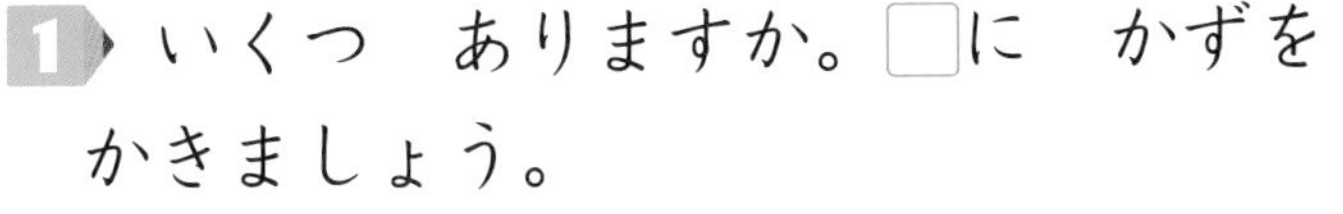

□

❷

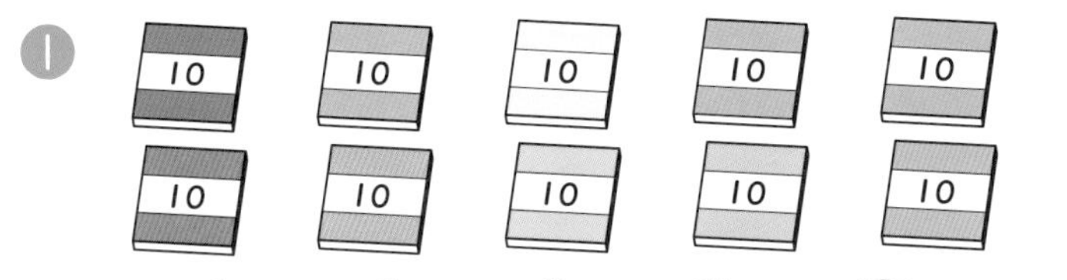

□

❸

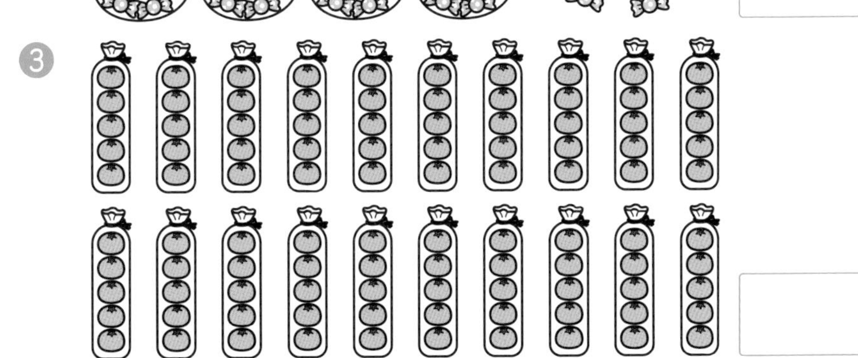

□

2 □に　かずを　かきましょう。　1つ20〔40てん〕

❶ 10が　10こで □

❷ 100は、99より □ おおきい　かず

こたえは
70ページ

14 おおきい かず ②

／100てん

1 かずの ならびかたを みて、こたえましょう。

1つ25〔100てん〕

0	1	2	3	4	5	6	7	8	9
10	11	12	13	14	15	16	17	18	19
20	21	22	23	24	25	26	27	28	29
30	31	32	33	34	35	36	37	38	39
40	41	42	43	44	45	46	47	48	49
50	51	52	53	54		56	57	58	59
60	61	62	63				67	68	69
70	71	72	73	74		76	77	78	79
80	81	82	83	84	85	86	87	88	89
90	91	92	93	94	95	96	97	98	㋐
100									

① ㋐に はいる かずを かきましょう。（　　）

② 一（いち）のくらいが 2の かずを ぜんぶ かきましょう。（　　）

③ 十（じゅう）のくらいが 8の かずを ぜんぶ かきましょう。（　　）

④ 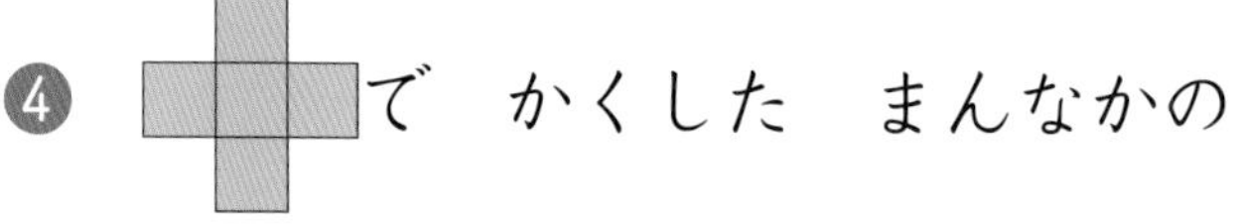で かくした まんなかの かずを かきましょう。（　　）

こたえは 70ページ

14 おおきい かず ③

／100てん

1 かずのせんを みて、❶、❷、❸、❹の めもりが あらわす かずを かきましょう。 1つ10〔40てん〕

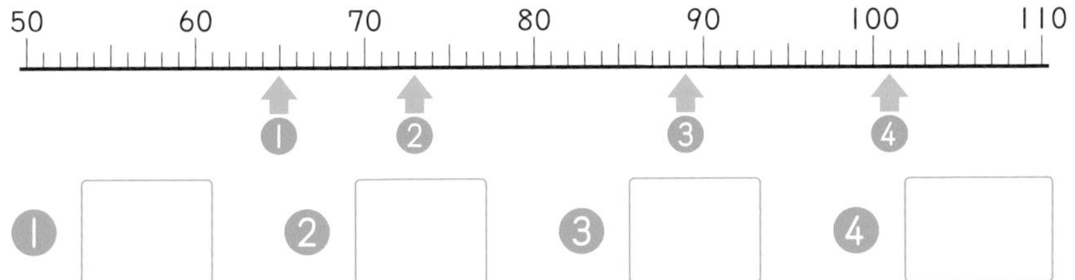

❶ □ ❷ □ ❸ □ ❹ □

2 いくつ ありますか。
□に かずを かきましょう。 1つ20〔40てん〕

❶

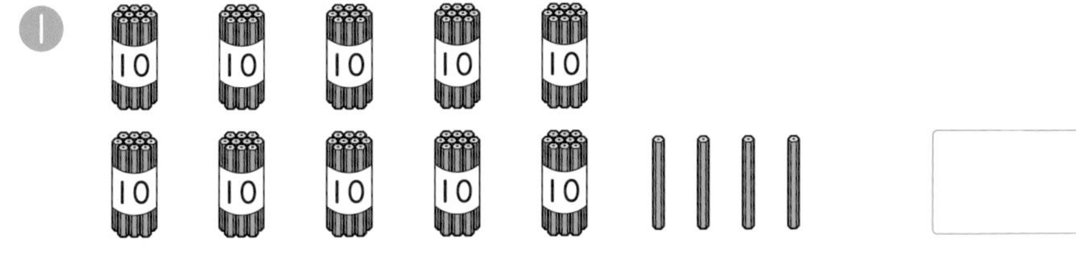

□

❷

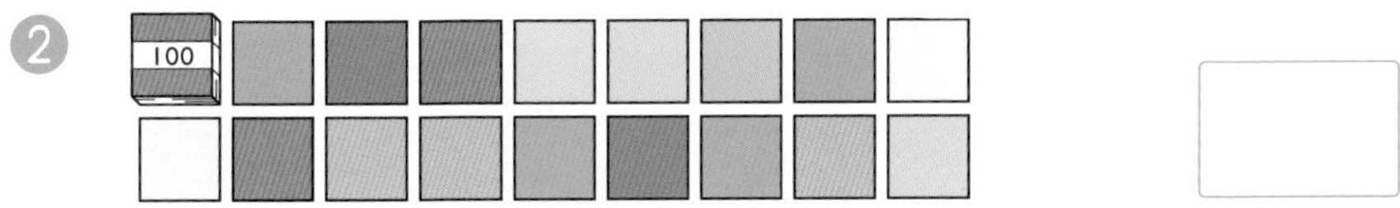

□

3 □に かずを かきましょう。 1つ10〔20てん〕

❶ −47−48−□−□−51−□−

❷ −106−107−□−109−□−

こたえは 70ページ

14 おおきい かず ③

／100てん

1 かずのせんを みて、□に かずを かきましょう。 1つ20〔60てん〕

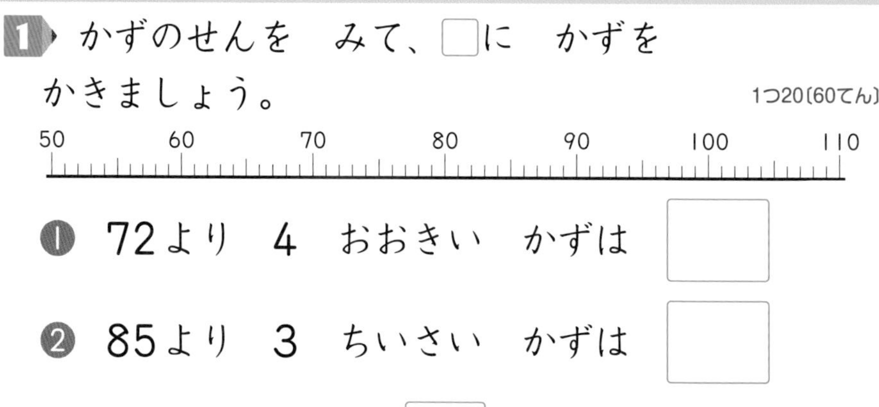

❶ 72より 4 おおきい かずは □

❷ 85より 3 ちいさい かずは □

❸ 78は、80より □ ちいさい かず

2 ㋐、㋑の どちらが おおきいですか。 1つ5〔10てん〕

❶ （ ） ❷ （ ）

3 □に かずを かきましょう。 1つ10〔30てん〕

❶ －30－□－40－□－□－55－

❷ －100－99－□－97－□－95－

❸ －117－□－119－□－121－□－

こたえは 71ページ

14　おおきい　かず ④

／100てん

1 いろがみは　なんまい　ありますか。　1つ5〔10てん〕

❶ 20＋60

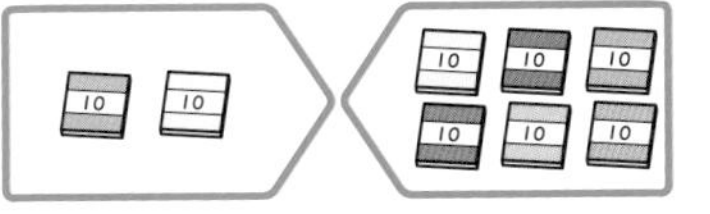

まい

❷ 70－40

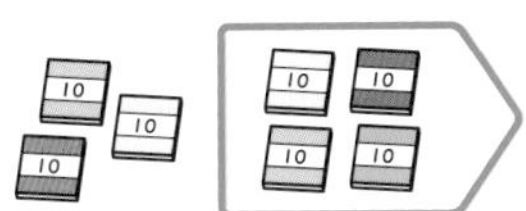

まい

2 □に　かずを　かきましょう。　1つ5〔10てん〕

❶ 42に　5を　たした　かず

❷ 58から　4を　ひいた　かず

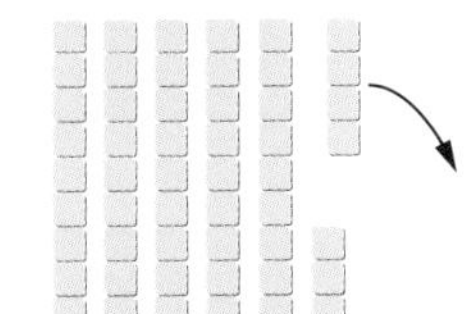

3 けいさんを　しましょう。　1つ10〔80てん〕

❶ 50＋3　　❷ 31＋4

❸ 93＋2　　❹ 20＋80

❺ 68－8　　❻ 35－2

❼ 77－4　　❽ 100－80

こたえは 71ページ

14　おおきい　かず ④

／100てん

1 けいさんを　しましょう。　1つ5〔100てん〕

❶ 50＋8	❷ 70＋6
❸ 90＋2	❹ 74－4
❺ 61－1	❻ 33－3
❼ 55＋2	❽ 86＋2
❾ 91＋3	❿ 27＋1
⓫ 50＋30	⓬ 10＋60
⓭ 70＋30	⓮ 38－7
⓯ 49－7	⓰ 56－5
⓱ 88－6	⓲ 70－20
⓳ 60－30	⓴ 100－90

こたえは 71ページ

月　　日

15　どちらが　ひろい

／100てん

1 ひろい　じゅんに　かきましょう。〔40てん〕

あ 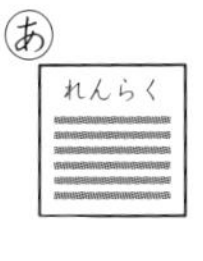

い 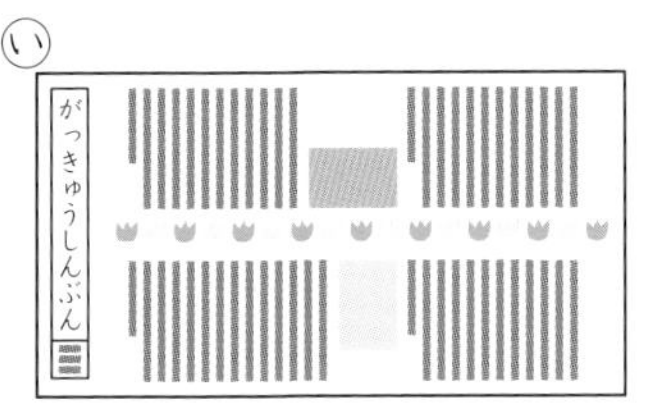

う 

え 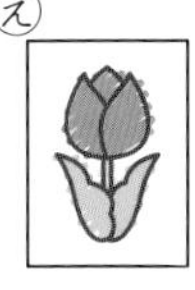

はしを　きちんと　そろえて…。

（　　、　　、　　、　　）

2 じんとりあそびを　しました。ひろい　ほうが　かちです。どちらが　かちましたか。1つ30〔60てん〕

① しょうた　ゆうか

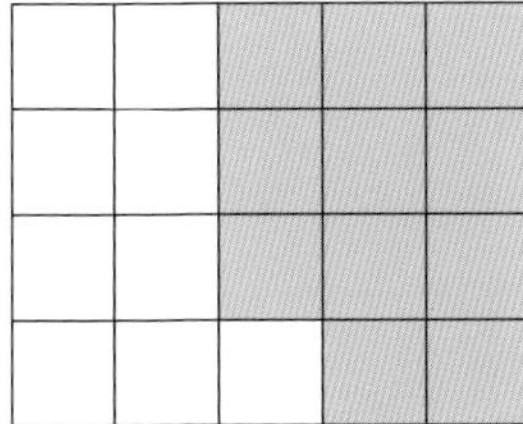

（　　　　）

② だいき　さくら

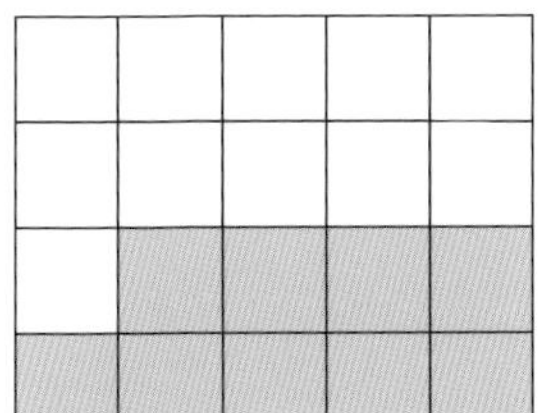

（　　　　）

こたえは
71ページ

月　　日

15　どちらが　ひろい

／100てん

1 つくえより　ひろい　ものに　ぜんぶ　◯を　つけましょう。〔50てん〕

❶ がようし　❷ しんぶんし　❸ ほうそうし

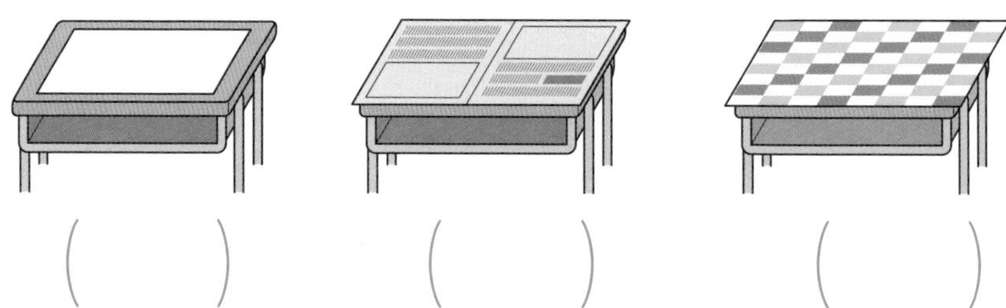

（　　）（　　）（　　）

2 じんとりあそびを　しました。ひろい　ほうが　かちです。ひきわけは　だれと　だれですか。〔50てん〕

（　　　　）

と

（　　　　）

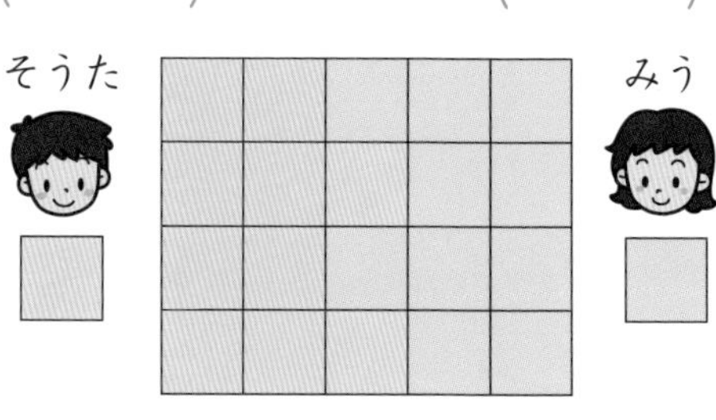

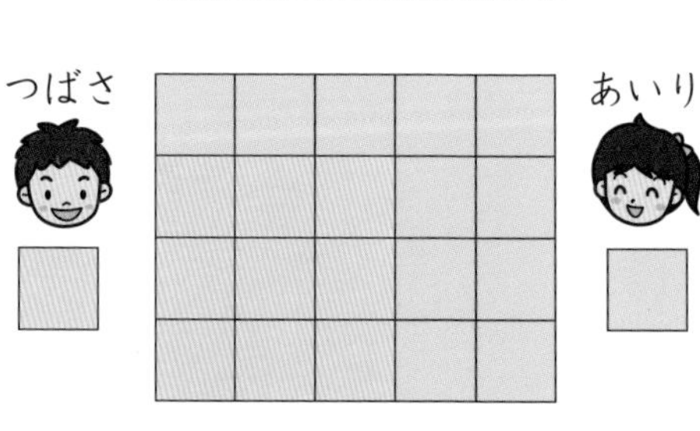

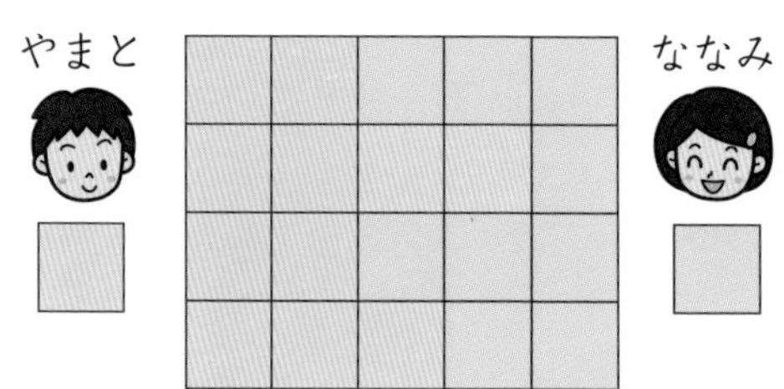

こたえは 71ページ

16 なんじなんぷん

／100てん

1 とけいを　よみましょう。　1つ20〔60てん〕

❶

（　　　　　）

❷

（　　　　　）

❸

（　　　　　）

2 ながい　はりを　かきましょう。　1つ20〔40てん〕

❶ 9じ15ふん　❷ 11：40

こたえは
71ページ

きょうかしょ ②108〜110ページ

月

日

16 なんじなんぷん

／100てん

1 とけいを よみましょう。 1つ20〔40てん〕

❶ 

❷

（　　　　）（　　　　）

2 ながい はりを かきましょう。 1つ15〔30てん〕

❶ 3じ41ぷん

❷ 7：53

3 せんで むすびましょう。 1つ10〔30てん〕

❶ 

❷ 

❸ 

㋐ 2じ34ぷん　㋑ 5じ7ふん　㋒ 11：18

こたえは 71ページ

月　　日

17　たしざんと　ひきざん

／100てん

1 ゆうさんは、まえから　5ばんめに　います。ゆうさんの　うしろに　3にん　います。みんなで　なんにん　いますか。〔30てん〕

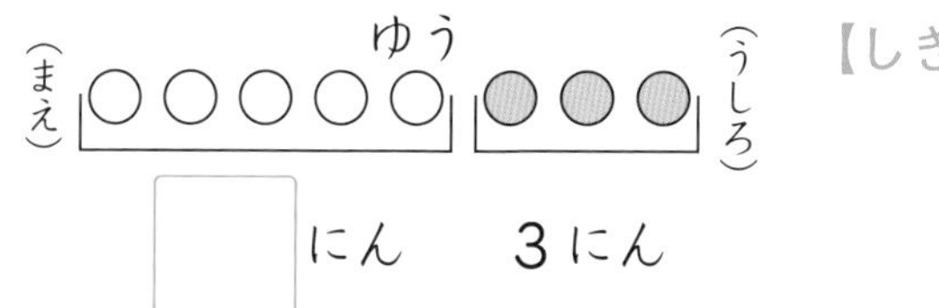

□にん　3にん

【しき】

こたえ □ にん

2 ジュースが　8ほん　あります。6にんが　1ぽんずつ　のみます。ジュースは　なんぼん　のこりますか。〔30てん〕

□ほん

【しき】

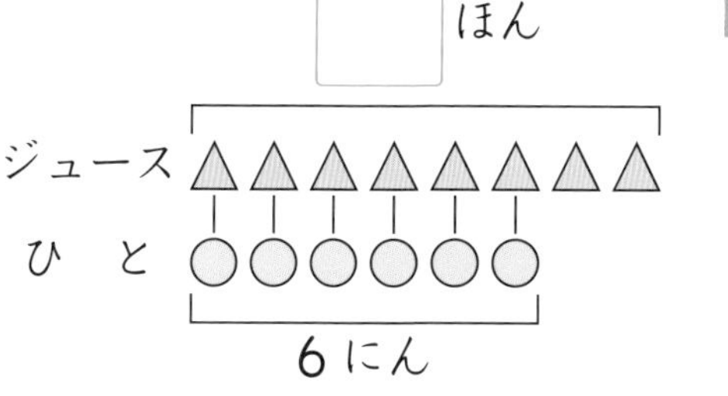

こたえ □ ほん

3 6にんが　ぼうしを　かぶって　います。ぼうしは　あと　3つ　あります。ぼうしは、ぜんぶで　いくつ　ありますか。〔40てん〕

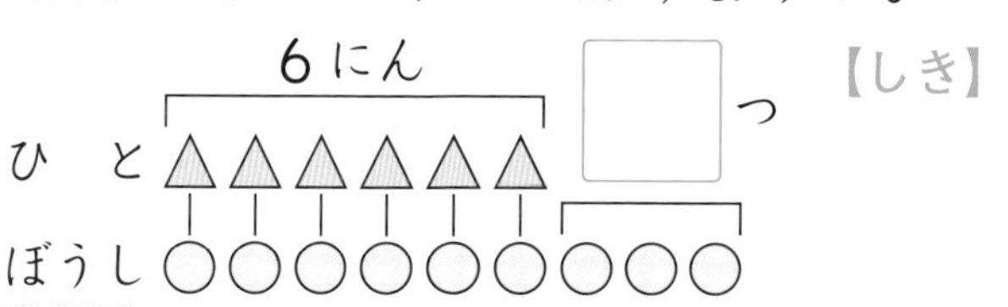

□つ

【しき】

こたえ □ つ

こたえは 71ページ

17　たしざんと　ひきざん

／100てん

1 トマトを　10こ　かいました。たまねぎは　トマトより　6こ　すくなく　かいました。たまねぎは、なんこ　かいましたか。〔30てん〕

10こ

トマト △△△△△△△△△△

たまねぎ ○○○○

□こ

【しき】

こたえ □こ

2 あかい　ペンが　5ほん　あります。くろい　ペンは、あかい　ペンより　3ぼん　おおいそうです。くろい　ペンは　なんぼん　ありますか。〔30てん〕

5ほん

あかい　ペン ▲▲▲▲▲

□ぼん

くろい　ペン ●●●●●●●●

【しき】

こたえ □ほん

3 ひとが　ならんで　います。たくみさんの　まえに　5にん　います。たくみさんの　うしろに　3にん　います。みんなで　なんにん　ならんで　いますか。〔40てん〕

【しき】

□にん　□にん

（まえ）○○○○○ たくみ ● ○○○（うしろ）

こたえ □にん

こたえは 72ページ

18　かたちづくり

／100てん

1 したの　かたちは、㋐の　いろいたが　なんまいで　できますか。　1つ20〔60てん〕

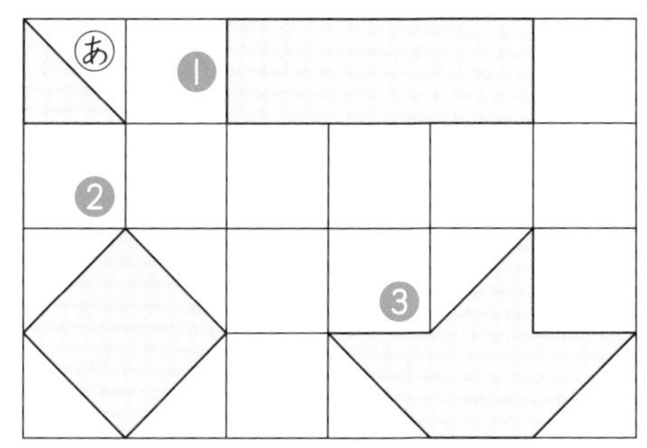

① □ まい
② □ まい
③ □ まい

2 ひだりの　かたちの　かぞえぼうを　うごかして、みぎの　かたちに　しました。
うごかした　かぞえぼうを　ひだりの　かたちから　えらんで、○で　かこみましょう。　1つ20〔40てん〕

①

②

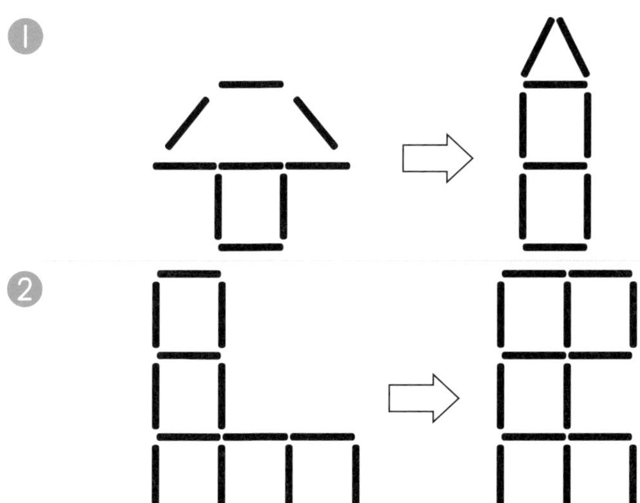

こたえは
72ページ

18　かたちづくり

／100てん

1 きめられた　かずの　いろいたで、したの かたちを　つくりました。どのように いろいたを　ならべたか　わかるように　せんを ひきましょう。 1つ20〔60てん〕

❶ 5まい　❷ 6まい　❸ 8まい

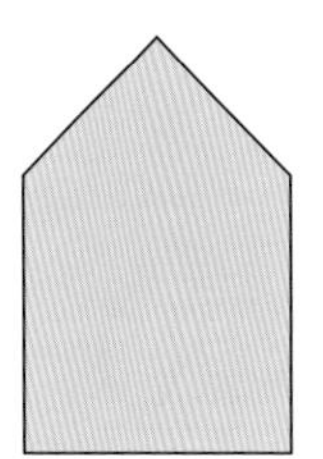

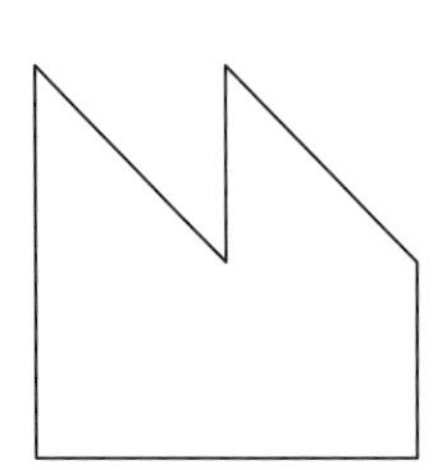

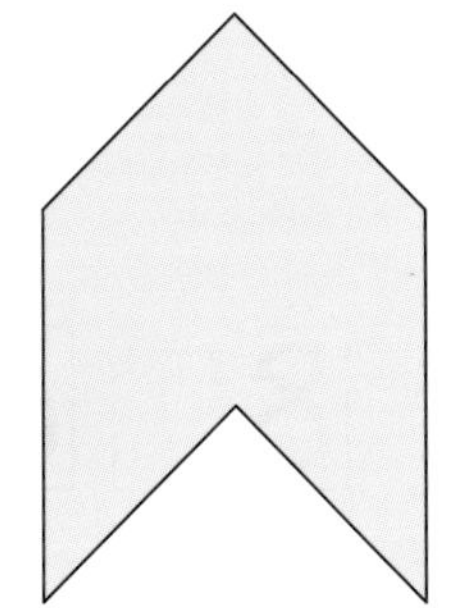

2 おなじ　かたちを　かきましょう。 1つ20〔40てん〕

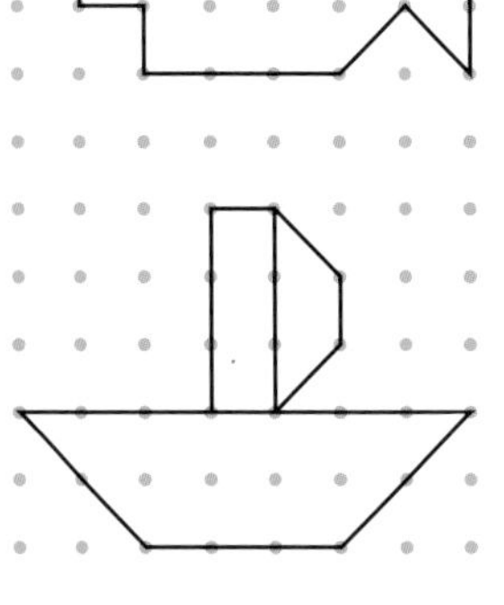

こたえは 72ページ

月　　日

力だめし①

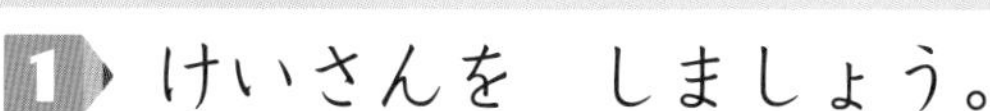

／100てん

1 けいさんを　しましょう。　1つ5〔30てん〕

❶ 9＋6　　❷ 7＋8

❸ 13−7　　❹ 16−8

❺ 10−1−7　　❻ 9−3＋2

2 おおきい　ほうに　○を　つけましょう。1つ10〔20てん〕

❶ 87　69
(　) (　)

❷ 39　40
(　) (　)

3 □に　かずを　かきましょう。　1つ10〔30てん〕

85　90　❶□　100　❷□　110　❸□

4 ながい　じゅんに　ばんごうを　つけましょう。　〔20てん〕

ⓐ あ
ⓘ い
ⓤ う

あ □
い □
う □

こたえは
72ページ

月　日

力だめし ②

／100てん

1 けいさんを　しましょう。　1つ5〔30てん〕

❶ 80＋10　　❷ 100－30

❸ 70＋6　　❹ 67－7

❺ 54＋3　　❻ 39－4

2 つぎの　かずを　かきましょう。　1つ10〔20てん〕

❶ 60より　7　おおきい　かず

❷ 100より　2　ちいさい　かず

3 とけいを　よみましょう。　1つ10〔20てん〕

❶

❷

（　　　）　（　　　）

4 りおさんは　まえから　7ばんめで、りおさんの　うしろに　9にん　ならんで　います。みんなで　なんにん　ならんで　いますか。　〔30てん〕

【しき】

こたえ　□　にん

こたえは 72ページ

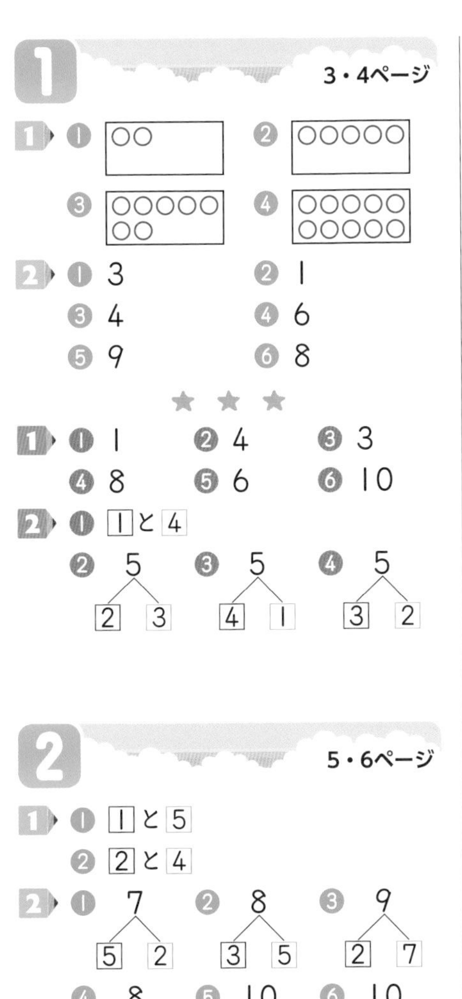

1　3・4ページ

1 ❶ ○○　❷ ○○○○○
❸ ○○○○○ ○○　❹ ○○○○○ ○○○○○

2 ❶ 3　❷ 1
❸ 4　❹ 6
❺ 9　❻ 8

★　★　★

1 ❶ 1　❷ 4　❸ 3
❹ 8　❺ 6　❻ 10

2 ❶ 1と4
❷ 5（2と3）　❸ 5（4と1）　❹ 5（3と2）

2　5・6ページ

1 ❶ 1と5
❷ 2と4

2 ❶ 7（5と2）　❷ 8（3と5）　❸ 9（2と7）
❹ 8（4と4）　❺ 10（1と9）　❻ 10（3と7）

3 ❶ 2　❷ 0

★　★　★

1 ❶ 5と1、4と2、3と3
❷ 5と4、1と8、6と3
❸ 7（3と4）　❹ 7（6と1）　❺ 8（2と6）

2
1	2	8	5
6	5	7	5
4	3	9	1

3 ❶ （○）（　）　❷ （○）（　）

3　7・8ページ

1 ❶ ❷

2 ❶ 2　❷ 3　❸ 2

★　★　★

1 ❶ ❷

2 ❶ 2　❷ 4、ひだり

4　9・10ページ

1 ❶ 4＋1＝5　こたえ 5ひき
❷ 2＋2＝4　こたえ 4ひき
❸ 1＋3＝4　こたえ 4だい

2 ❶ 5＋2＝7　こたえ 7わ
❷ 3＋3＝6　こたえ 6こ

1 3+4=7　こたえ 7ひき

2 8+2=10　こたえ 10だい

3 ❶ 6　❷ 9　❸ 8
❹ 4　❺ 2　❻ 9
❼ 6　❽ 10

5　11・12ページ

1 ❶ 5+2=7　こたえ 7こ
❷ 5+0=5　こたえ 5こ
❸ 0+1=1　こたえ 1こ

2 ❶ ❷ ❸ ❹

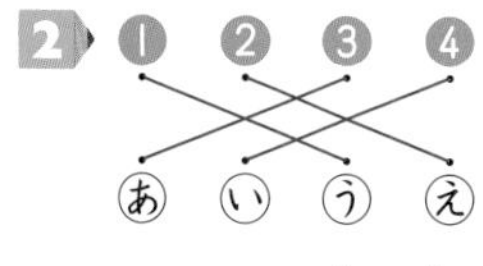

Ⓐ あ　い　う　え

★ ★ ★

1 4+4=8　こたえ 8ほん

2 ❶ ❷ ❸ ❹
あ　い　う　え

3 ❶ 7　❷ 8　❸ 6
❹ 8　❺ 9　❻ 0

6　13・14ページ

1 ❶ 4　❷ 2

2 ❶ 3−2=1　こたえ 1ぴき
❷ 6−4=2　こたえ 2だい
❸ 4−1=3　こたえ 3ぼん

★ ★ ★

1 9−5=4　こたえ 4わ

2 10−5=5　こたえ 5ほん

3 ❶ 1　❷ 3　❸ 4
❹ 6　❺ 2　❻ 5
❼ 3　❽ 1

7　15・16ページ

1 ❶ 3−1=2　こたえ 2こ
❷ 3−3=0　こたえ 0だい
❸ 5−0=5　こたえ 5ひき

2 8−5=3　こたえ 3こ

3 6−4=2　こたえ 2こ

★ ★ ★

1 7−3=4　こたえ 4ほん

2 8−3=5　こたえ 5ひき

3 10−6=4
こたえ (こども)が
4にん　おおい。

4 ❶ あ、え　❷ い、う

8　17・18ページ

1 ❶ い　❷ う

2 ❶ い　❷ あ

3 あ

★ ★ ★

1 ❶ あ 8　い 6　う 7
❷ (あ)の　ほうが　2つぶん
ながい。

2 ❶ よこ　❷ たて

3 い、あ、え、う

9　19・20ページ

1
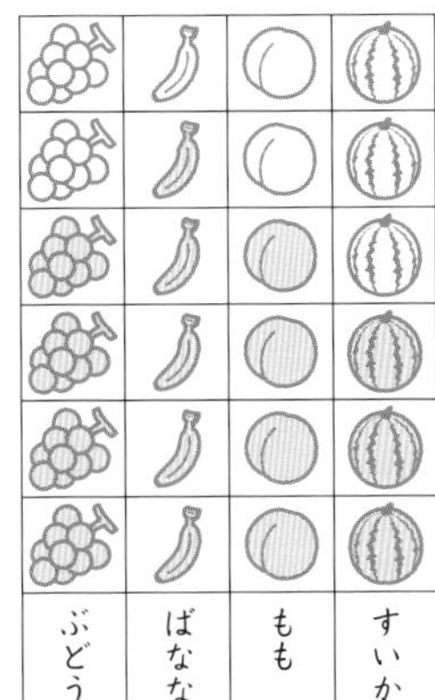

ぶどう	ばなな	もも	すいか

2 ❶ ばなな
❷ すいか
❸ (ぶどう)と　(もも)
❹ [4]つ

★★★

1 ❶
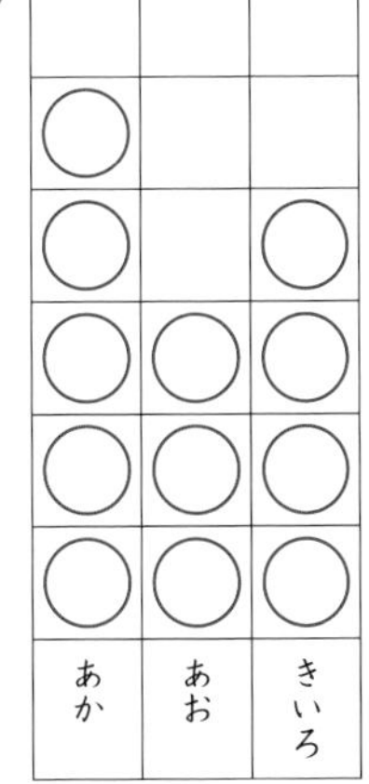

あか	あお	きいろ

❷ あか
❸ 2はん
❹ あお

10　21・22ページ

1 ❶ 12　❷ 4、14
2 ❶ 5、15　❷ 10、20
3 ❶ 18　❷ 3　❸ 10

★★★

1 ❶ 11　❷ 14
2 ❶ [13]にん　❷ [11]にんめ
3 ❶ 6　❷ 10
❸ 9　❹ 10

11　23・24ページ

1 ❶ (○)(　)　❷ (　)(○)
2 ❶ —9—10—11—12—13—14—
❷ —15—16—17—18—19—20—
3 ❶ 11　❷ 19

★★★

1 ❶ (　)(○)　❷ (○)(　)
2 ❶ —10—12—14—16—18—20—
❷ —20—19—18—17—16—15—
❸ 0—5—10—15—20—
3 ❶ 13　❷ 17　❸ 15

12　25・26ページ

1 ❶ 17　10＋[7]＝[17]
❷ 10　17－[7]＝[10]
2 ❶ 15　❷ 13　❸ 17
❹ 10　❺ 10　❻ 12
3 ❶ 2、20
❷ 3、5、35

★★★

1 ❶ 19 ❷ 14
2 ❶ 16 ❷ 19 ❸ 15
❹ 19 ❺ 10 ❻ 13
❼ 15 ❽ 14
3 ❶ 27 ❷ 33

13

27・28ページ

1 ❶ 6じはん ❷ 10じ
❸ 7じ
2 ❶ あ ❷ い ❸ い

★ ★ ★

1 ❶ 11じ ❷ 7じはん
❸ 5じ ❹ 8じはん
2 ❶ ❷ 
❸  ❹

14

29・30ページ

1 2＋4＋[2]＝[8] こたえ [8]ひき
2 10－[5]－[3]＝[2] こたえ [2]こ
3 ❶ 9 ❷ 15 ❸ 2
❹ 1 ❺ 2 ❻ 6
❼ 3 ❽ 4

★ ★ ★

1 ❶ 8 ❷ 12 ❸ 4
❹ 4 ❺ 3 ❻ 8
❼ 7 ❽ 3
2 [6＋4＋3]＝[13] こたえ [13]まい
3 [8－5＋3]＝[6] こたえ [6]ぽん

15

31・32ページ

1 ❶ い ❷ あ ❸ い
2 ❶ い→う→あ
❷ う→あ→い

★ ★ ★

1 (い)の ほうが、こっぷ
[1]ぱいぶん みずが
おおく はいります。
2 ❶ う→い→あ
❷ い→う→あ

16

33・34ページ

1 ❶ 1 ❷ 1
❸ 10 ❹ 14
2 [9＋4]＝[13] こたえ [13]とう
3 ❶ 11 ❷ 14 ❸ 11
❹ 13 ❺ 12 ❻ 15

★ ★ ★

1 ❶ 12 ❷ 17 ❸ 16
❹ 14 ❺ 18 ❻ 13
2 ❶ 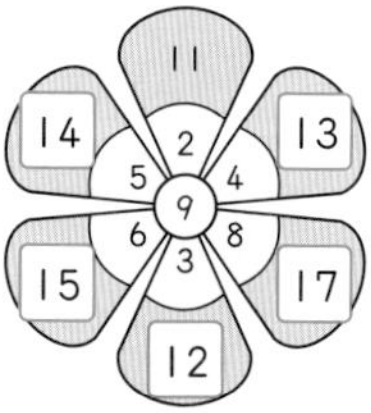
11, 13, 17, 12, 15, 14 (2, 4, 8, 3, 6, 5 / 9)
❷ 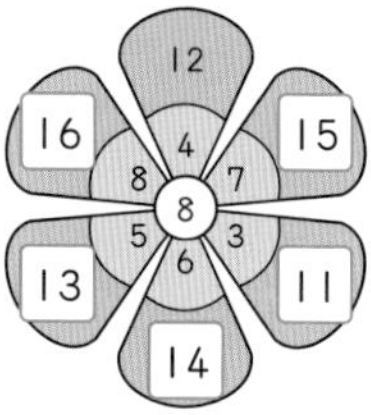
12, 15, 11, 14, 13, 16 (4, 7, 3, 6, 5, 8 / 8)
3 [6＋5]＝[11] こたえ [11]ぴき

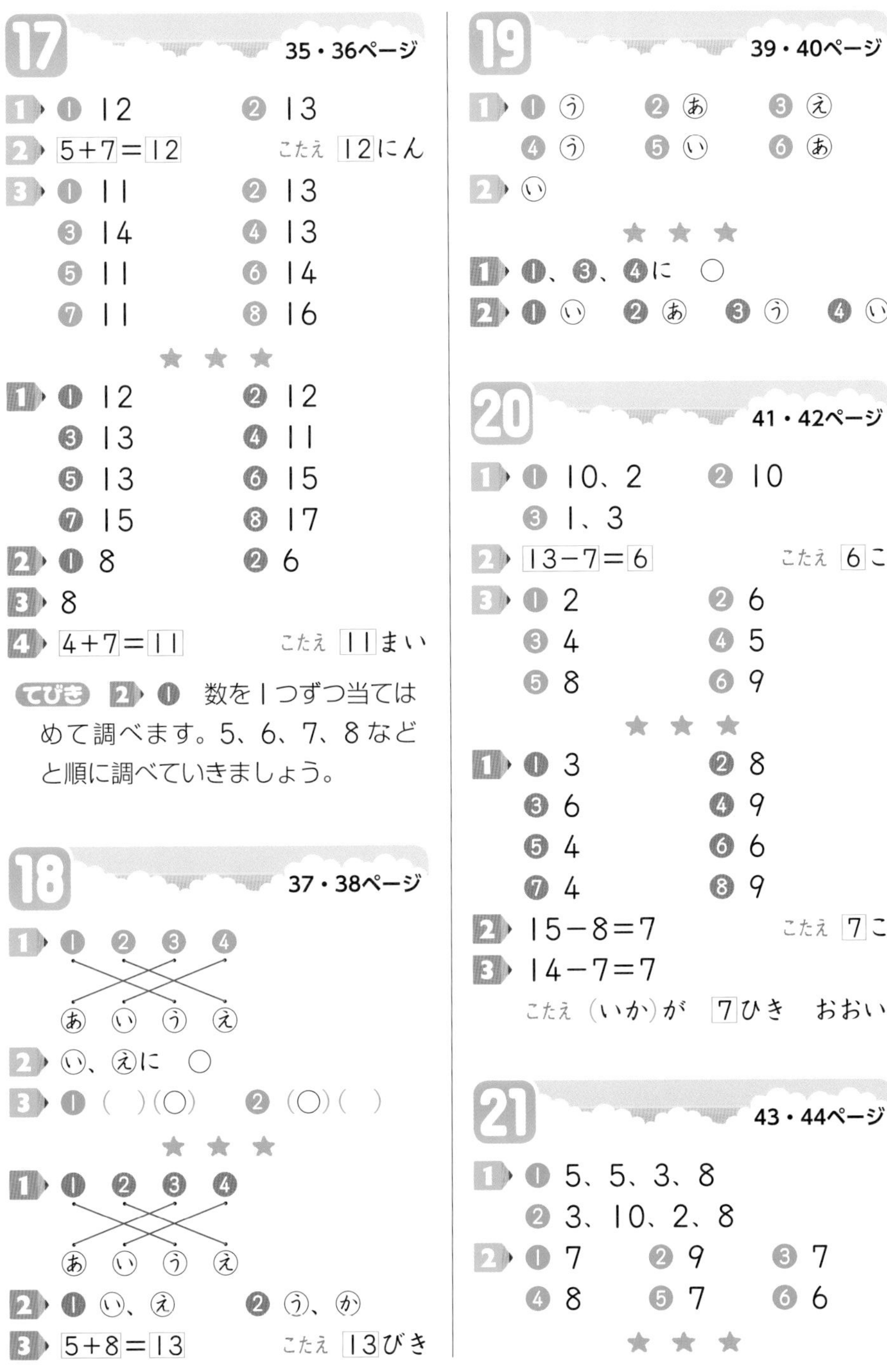

17 35・36ページ

1 ① 12　② 13

2 5+7=12　こたえ 12にん

3 ① 11　② 13
③ 14　④ 13
⑤ 11　⑥ 14
⑦ 11　⑧ 16

★ ★ ★

1 ① 12　② 12
③ 13　④ 11
⑤ 13　⑥ 15
⑦ 15　⑧ 17

2 ① 8　② 6

3 8

4 4+7=11　こたえ 11まい

てびき 2 ① 数を1つずつ当てはめて調べます。5、6、7、8などと順に調べていきましょう。

18 37・38ページ

1 ① ② ③ ④
あ い う え

2 い、えに ○

3 ① (　)(○)　② (○)(　)

★ ★ ★

1 ① ② ③ ④
あ い う え

2 ① い、え　② う、か

3 5+8=13　こたえ 13びき

19 39・40ページ

1 ① う　② あ　③ え
④ う　⑤ い　⑥ あ

2 い

★ ★ ★

1 ①、③、④に ○

2 ① い　② あ　③ う　④ い

20 41・42ページ

1 ① 10、2　② 10
③ 1、3

2 13−7=6　こたえ 6こ

3 ① 2　② 6
③ 4　④ 5
⑤ 8　⑥ 9

★ ★ ★

1 ① 3　② 8
③ 6　④ 9
⑤ 4　⑥ 6
⑦ 4　⑧ 9

2 15−8=7　こたえ 7こ

3 14−7=7
こたえ （いか）が 7ひき おおい。

21 43・44ページ

1 ① 5、5、3、8
② 3、10、2、8

2 ① 7　② 9　③ 7
④ 8　⑤ 7　⑥ 6

★ ★ ★

1 ❶

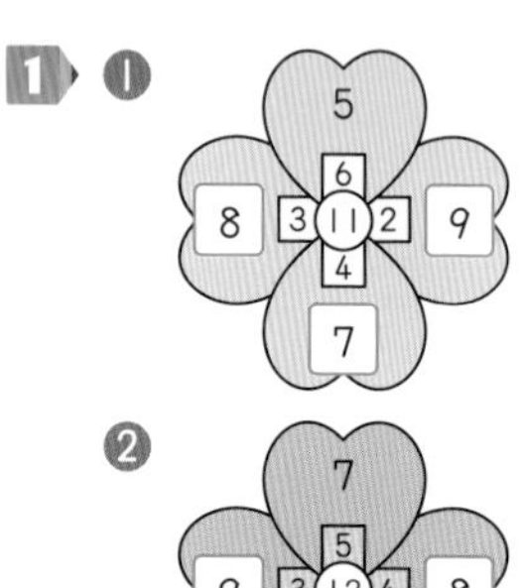

❷

2 12－4＝8　こたえ 8こ

3 13－6＝7

こたえ

（えんぴつ）が 7ほん おおい。

22 45・46ページ

1 ❶ ❷ ❸ ❹

ⓐ ⓘ ⓤ ⓔ（あ い う え）

2 い、えに ◯

3 ❶ （◯）（ ）

❷ （ ）（◯）

★ ★ ★

1 ❶ ❷ ❸ ❹

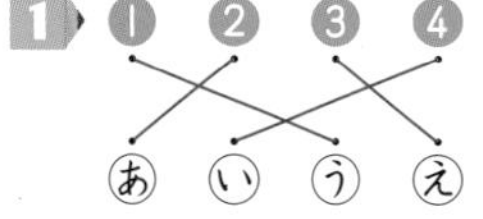

あ い う え

2 ❶ う、お

❷ あ、か

3 13－4＝9　こたえ 9わ

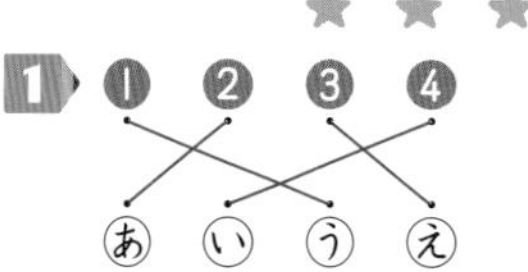

23 47・48ページ

1 ❶ 5、53　❷ 10、5

2 ❶ 43　❷ 60

3 ❶ 58　❷ 8、4

❸ 10

★ ★ ★

1 ❶ 47　❷ 65

2 ❶ 69　❷ 9、0

❸ 70

3 ❶ 十のくらい

❷ 一のくらい

24 49・50ページ

1 ❶ 100　❷ 100

❸ 100

2 ❶ 100　❷ 1

★ ★ ★

1 ❶ 99

❷ 2、12、22、32、42、52、62、72、82、92

❸ 80、81、82、83、84、85、86、87、88、89

❹ 65

25 51・52ページ

1 ❶ 65　❷ 73

❸ 89　❹ 101

2 ❶ 104　❷ 117

3 ❶ －47－48－49－50－51－52－

❷ －106－107－108－109－110－

★ ★ ★

1 ❶ 76　❷ 82
❸ 2

2 ❶ ㋑　❷ ㋐

3 ❶ −30—35—40—45—50—55−
❷ −100—99—98—97—96—95−
❸ −117—118—119—120—121—122−

26　53・54ページ

1 ❶ 80　❷ 30

2 ❶ 47　❷ 54

3 ❶ 53　❷ 35
❸ 95　❹ 100
❺ 60　❻ 33
❼ 73　❽ 20

★ ★ ★

1 ❶ 58　❷ 76
❸ 92　❹ 70
❺ 60　❻ 30
❼ 57　❽ 88
❾ 94　❿ 28
⓫ 80　⓬ 70
⓭ 100　⓮ 31
⓯ 42　⓰ 51
⓱ 82　⓲ 50
⓳ 30　⓴ 10

27　55・56ページ

1 ㋑、㋒、㋓、㋐

2 ❶ ゆうか
❷ だいき

★ ★ ★

1 ❷、❸に ○

2 (そうた) と (みう)

28　57・58ページ

1 ❶ 7じ20ぷん
❷ 7じ55ふん
❸ 10じ25ふん

2 ❶ ❷

★ ★ ★

1 ❶ 1じ36ぷん
❷ 4じ2ふん

2 ❶ ❷

3 ❶ ❷ ❸
㋐ ㋑ ㋒

29　59・60ページ

1 5、5＋3＝8　こたえ 8にん

2 8、8−6＝2　こたえ 2ほん

3 3、6＋3＝9　こたえ 9つ

★ ★ ★

1▶ [6]、10−6=4　こたえ [4]こ

2▶ [3]、5+3=8　こたえ [8]ほん

3▶ [5]、[3]、5+1+3=9

こたえ [9]にん

30　61・62ページ

1▶ ❶ 6　❷ 4　❸ 5

てびき　れい

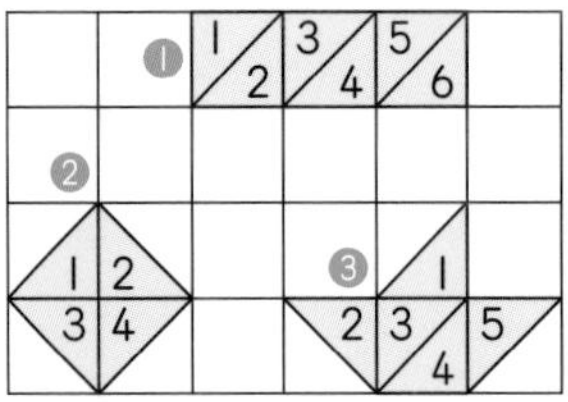

2▶ ❶

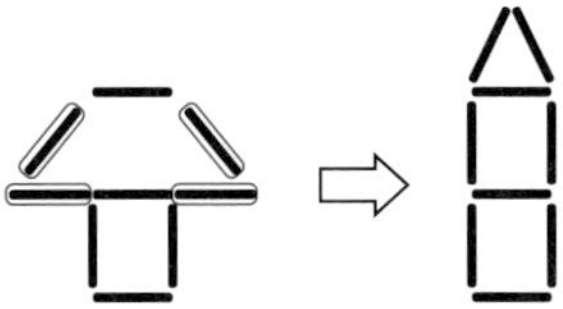

❷

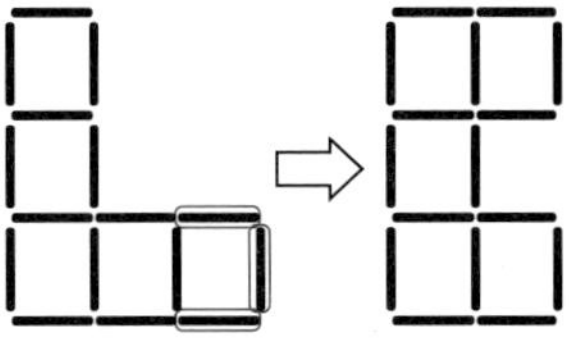

★ ★ ★

1▶ ❶　❷ れい

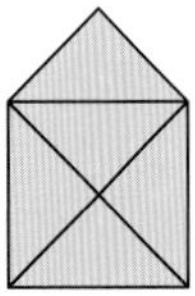

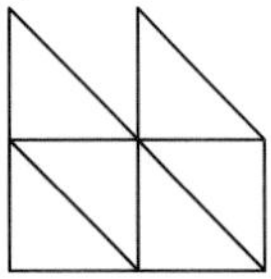

❸ れい

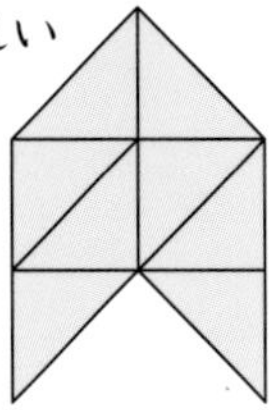

2▶

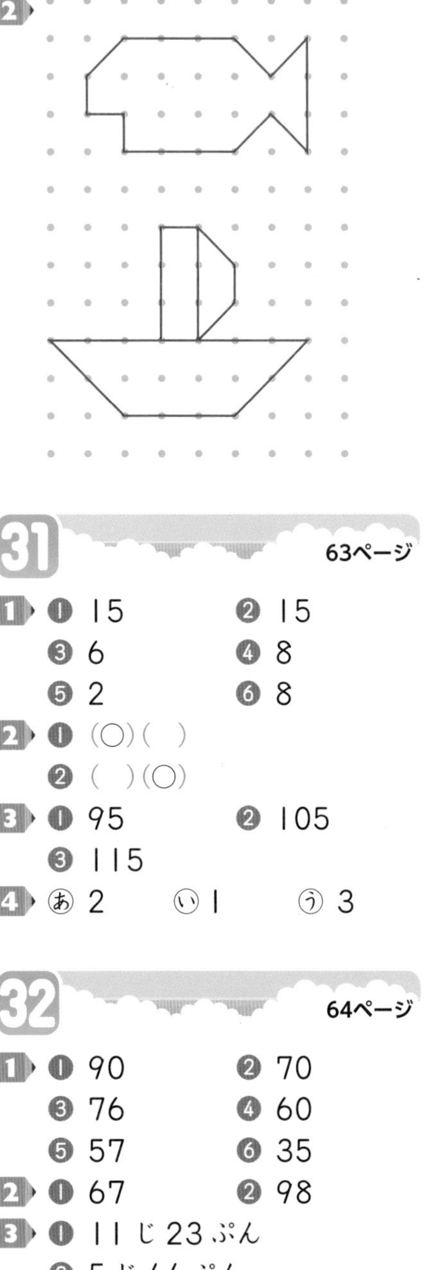

31　63ページ

1▶ ❶ 15　❷ 15
❸ 6　❹ 8
❺ 2　❻ 8

2▶ ❶ (○)(　)
❷ (　)(○)

3▶ ❶ 95　❷ 105
❸ 115

4▶ ㋐ 2　㋑ 1　㋒ 3

32　64ページ

1▶ ❶ 90　❷ 70
❸ 76　❹ 60
❺ 57　❻ 35

2▶ ❶ 67　❷ 98

3▶ ❶ 11じ23ぷん
❷ 5じ44ぷん

4▶ 7+9=16　こたえ [16]にん

3 2 1 0 9 8 7 6 5 4
＊ ＊ D C B A